普通高等教育电子信息类系列教材

通 信 电 子 线 路

主　编　程知群　陈　瑾
副主编　林　弥　周　涛　刘国华
　　　　董志华　柯华杰

西安电子科技大学出版社

内 容 简 介

　　本书主要介绍无线射频通信系统和功能模块中各电路的基本工作原理及分析方法。全书共 6 章，主要内容包括通信电子线路基本知识简介，射频放大器，正弦波振荡器，振幅调制、解调与混频，角度调制与解调，锁相环原理及应用。为便于学生加深学习，每章均配有相应的习题。

　　本书既重视理论的系统性与严密性，又注重内容的先进性与实用性。本书配套有 PPT 课件、学习指导视频等。本书可作为高等院校电子信息工程类和通信工程类专业的本科生教材，也可供从事电子科学技术、通信及自动化等方面工作的工程技术人员参考。

图书在版编目(CIP)数据

通信电子线路/程知群，陈瑾主编 . —西安：西安电子科技大学出版社，2019.1(2022.4 重印)
ISBN 978 - 7 - 5606 - 5042 - 5

Ⅰ. ① 通… Ⅱ. ① 程… ② 陈… Ⅲ. ① 通信系统—电子电路
Ⅳ. ① TN91

中国版本图书馆 CIP 数据核字(2018)第 199481 号

策划编辑　陈　婷　马乐惠
责任编辑　许青青　陈　婷
出版发行　西安电子科技大学出版社(西安市太白南路 2 号)
电　　话　(029)88202421　88201467　　　邮　编　710071
网　　址　www.xduph.com　　　电子邮箱　xdupfxb001@163.com
经　　销　新华书店
印刷单位　陕西天意印务有限责任公司
版　　次　2019 年 1 月第 1 版　2022 年 4 月第 2 次印刷
开　　本　787 毫米×1092 毫米　1/16　印张　11.75
字　　数　274 千字
印　　数　3001～5000 册
定　　价　32.00 元
ISBN 978 - 7 - 5606 - 5042 - 5/TN

XDUP 5344001 - 2

前　　言

"通信电子线路"是电子信息类专业的核心课程之一。本课程的主要目的是帮助学生掌握通信系统中各基本功能电路的组成、原理、性能和分析方法。与理论课程配套的实验课程可作为独立课程开设，目的是在学生学习了理论课程的基本原理和电路分析方法的基础上，训练学生电路设计、制作和测试的基本技能，加强学生进行电路调试和分析的能力。通过将理论课程和实验课程相结合，可为学生奠定坚实的理论基础，锻炼其良好的动手能力。本书主要介绍无线射频通信系统和功能模块中各电路的基本工作原理及分析方法，并未涵盖无线通信系统中的方方面面，力求主题相对集中，注重细节分析，并提供了详细的数学推导、更多的应用案例等。本书内容适合本科高年级学生在一个学期(16周，每周 4 课时)完成。章与章之间衔接合理，循序渐进，便于学生学习。

本书主要内容包括：

第 1 章为通信电子线路基本知识简介，主要介绍了通信电子线路的接收和发射单元的基本组成及工作原理、LC 谐振回路的工作原理(如谐振条件、谐振特性、谐振曲线)以及非线性器件的特性和分析方法等。

第 2 章为射频放大器，主要介绍和分析了小信号调谐放大器和射频功率放大器的电路组成、工作原理、性能指标计算、动态特性及工作状态等。

第 3 章为正弦波振荡器，主要介绍了几种典型的高频正弦波振荡器，并对 LC 反馈型振荡器、石英晶体振荡器、负阻振荡器和压控振荡器的电路组成、工作原理、性能指标及优缺点等进行了分析。

第 4 章为振幅调制、解调与混频，主要介绍了振幅调制、解调与混频的基本概念及电路实现，并对相应的典型电路的组成、工作原理、性能特点及技术指标等进行了分析。

第 5 章为角度调制与解调，主要介绍了调频波、调相波的产生与解调，对典型的调频、调相电路及鉴频、鉴相电路的组成、工作原理、性能特点及技术指标等进行了分析。

　　第 6 章为锁相环原理及应用，主要介绍和分析了现代通信电路中相位锁定电路的组成、工作原理、数学模型以及应用等。

　　本书由杭州电子科技大学电子信息学院"通信电子线路"课程小组编写。

　　由于时间仓促，书中欠妥之处在所难免，敬请读者批评指正。

作者

2018 年 10 月

于杭州电子科技大学

目　　录

第 1 章　通信电子线路基本知识简介

1.1　通信系统简介

通信指的是将信息从发送端传送到接收端的过程。实现信息传递所需的一切技术设备和传输媒质的总和叫作通信系统。实现通信的方式有很多，人类通信的历史可以追溯到远古时代，信标、烽火、驿站等可能是最原始的通信方式。经过几千年的延续，1600 年至 1750 年电磁现象的研究为通信奠定了理论基础。一直到 1837 年美国人莫尔斯发明人工电报装置后，才开始近代电通信的实用阶段。由于电通信准确、迅速、可靠，又不受时间、地点、距离的限制，因而当前的通信越来越依赖利用"电"来传递消息的电通信方式。

1.1.1　通信系统的组成原理

现代通信大多以电压、电流、电磁波或者光信号的形式出现。本书中的通信均指电通信。通信系统的一般模型如图 1.1 所示。

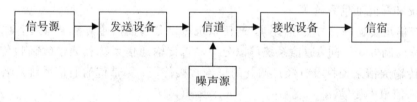

图 1.1　通信系统的一般模型

信号源也称发送端，指的是发出信息的源头，其作用是把各种待传输消息转换成原始电信号，如电话机就可看成信号源。信号源可分为模拟信号源和数字信号源。输出连续幅度信号的为模拟信号源，如电话机、电视机、摄像机等；输出离散数字信号的为数字信号源，如计算机等数字终端设备。信号源输出的信号称为基带信号或者调制信号。所谓基带信号（或者调制信号），指的是没有经过调制的原始电信号，其特点是信号频谱从零频附近开始，通常为低频信号。相应地，基带信号可分为数字基带信号和模拟基带信号。

发送设备是将信号源和信道匹配起来，对基带信号进行各种变换和处理，使基带信号适合在信道中传输的一种变换装置。因为声音、文字、图像等原始消息都是非电信号，不能以电信号的形式来传输，所以必须通过发送设备先将原始的非电信号变换成电信号，再对电信号进行进一步变换，使其变换成适合在信道中传输的电信号的形式。变换方式是多种多样的，在需要频谱搬移或者频谱变换的场合，调制是最常见的变换方式。例如，手机的话筒就是将语音信号变换成幅度连续变化的模拟电信号，再进一步转换后送到信道上。对传输数字信号来说，发送设备又常常包含信源编码和信道编码等模块。

信道是指信号传输的通道，既给信号传输提供通路，又对信号产生各种干扰和噪声。

传输媒质的固有特性和干扰会直接关系到通信的质量。信道可以是有线的，也可以是无线的，甚至可以包含某些设备。有线信道和无线信道均有多种传输媒质。有线信道包括电缆、光缆等。无线信道可以是地球表面、水下、地底等自由空间。在无线模拟通信系统中，信道指自由空间。

噪声源是信道中所有噪声以及分散在通信系统中其他各处噪声的集合。

接收设备的功能与发送设备相反，即进行解调、解码等。它的任务是从带有干扰的接收信号中恢复出发送设备中输入的原始电信号，例如电话机将对方传来的电信号还原成了声音。由于信号在传输和恢复的过程中存在着干扰和失真，因此接收设备要尽量减少这种失真。对于多路复用信号，接收设备还具有解除多路复用和实现正确分路的功能。

信宿是传输信息的接收者，与信号源相对应，其作用是将复原的原始信号转换成相应的消息。

1.1.2 通信系统的分类

通信系统可以划分成不同类型，虽然系统组成和设备不大相同，但工作原理都是相似的。

（1）按照传输信道的类型不同，通信系统可以分为有线通信系统和无线通信系统两大类。有线通信系统是指传输信道为架空明线、电缆、光缆、波导等形式的通信系统，其特点是信道能看得见、摸得着。无线通信系统是指传输消息的信道为电磁波的一种通信系统。无线通信系统包括微波通信系统、短波通信系统、移动通信系统、卫星通信系统、散射通信系统和激光通信系统等。

（2）按信道传的信号类型不同，通信系统可以分为模拟通信系统和数字通信系统。

（3）按调制方式不同，通信系统可以分为基带传输通信系统和频带（调制）传输通信系统。基带传输通信系统将没有经过调制的信号直接传送；频带传输通信系统对各种信号调制后再送到信道中传输。

（4）按通信方式或者信号传的方向不同，通信系统可以分为单工通信系统、半双工通信系统和全双工通信系统三大类。单工通信系统是指消息只能单方向进行传输的通信系统。例如，广播、遥控、电视等，信号（消息）只从广播发射台、遥控器和电视台分别传到收音机、遥控对象和电视机上。半双工通信系统是指通信双方都能收发消息，但不能同时进行收和发的通信系统。对讲机、收发报机等都是半双工通信系统。全双工通信系统是指通信双方可同时进行双向传输消息的通信系统。电话机、手机等都是全双工通信系统。

（5）按通信者是否运动，通信系统可以分为移动通信系统和固定通信系统。移动通信系统是指通信双方至少有一方在运动中进行信息交换的通信系统。固定通信系统是指通信双方都在静止不动中进行信息交换的通信系统。

（6）按传输信息的物理特征不同，通信系统可以分为电话通信系统、电报通信系统、传真通信系统、广播电视通信系统、数据通信系统等。

（7）按通信设备的工作频率不同，通信系统可分为长波通信系统、中波通信系统、短波通信系统、微波通信系统等。

另外，通信系统还有其他分类方法，如按多地址方式可分为频分多址通信系统、时分多址通信系统、码分多址通信系统等，按用户类型可分为公用通信系统和专用通信系统，按通信对象的位置可分为地面通信系统、对空通信系统、深空通信系统、水下通信系统等。

本节将以无线模拟通信系统为重点进行分析。

1.2　无线通信系统的基本组成

通信电子线路是指通信系统中的电子线路，本书主要讨论用于无线通信系统的电子线路。无线通信系统主要由发射装置、信道、接收装置三部分组成。

1.2.1　发射装置

发射装置主要由发射机、换能器和天线三部分组成，其组成框图如图 1.2 所示。

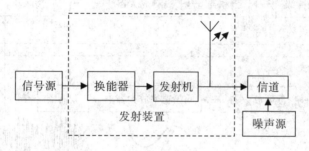

图 1.2　发射装置组成框图

发射装置的核心就是发射机。发射机主要完成调制、功率放大等功能。其主要性能指标有调制信号的频谱宽度、发射机的工作频率、发射机的输出功率、发射机的工作效率、频率稳定度、杂散发射、带外噪声、带内杂散等。

换能器用于将非电的原始信息转换为电信号。这个电信号通常具有"低通型"频谱结构，是一个低频信号，故叫作调制信号或者基带信号。但这个信号并不能通过天线直接发射出去。信号若想直接以电磁波的形式从天线辐射出去，就必须使天线尺寸与信号波长可以相比拟，这时信号才能被天线有效辐射。以语音信号为例，其频率范围分布为 $300\sim3400\ \text{Hz}$，无线电波在空间中传播的速度 v 为 $3\times10^8\ \text{m/s}$，语音信号的波长：

$$\lambda=\frac{v}{f}\tag{1.1}$$

由此可得天线的尺寸将达到几百千米，这是无法制造的尺寸，只有将信号的频率增大，天线尺寸才能下降。这一问题只有通过调制才能解决。所谓调制，指的是用调制信号（基带信号）去控制高频载波信号的某一个参数，该参数可以是幅度，也可以是频率或者相位，使得该参数按照调制信号（基带信号）的变化规律而变化。经过调制后的高频信号称为已调信号。若受控的参数是幅度，则这种调制方式称为振幅调制；若受控的参数是频率，则这种调制方式称为频率调制；若受控的参数是相位，则这种调制方式称为相位调制。

通过调制，将携带有用信息的调制信号频谱搬移到频率较高的载波信号频率附近，可以显著减小天线的尺寸。如果天线尺寸为辐射信号波长的 1/4，则更便于发挥天线的辐射能力。因此，民用广播的频段为 $535\sim1605\ \text{kHz}$（中频段），对应波长为 $187\sim560\ \text{m}$，天线长度为几十米到上百米；而移动通信手机的天线长度不到 10 cm，它使用了 900 MHz 频段。这些广播与移动通信都必须采用某种调制方式将语音或编码基带频谱搬移到应用频段。此外，调制还能将不同电台发送的信息分配到不同频率的载波信号上，使接收机可选择特定电台的信息而抑制其他电台发送的信息和各种干扰。

调幅发射系统

以无线电中波广播调幅发射系统为例，它主要包括三个组成部分：高频部分、低频部分和电源部分，其组成框图及每一级的波形如图 1.3 所示。

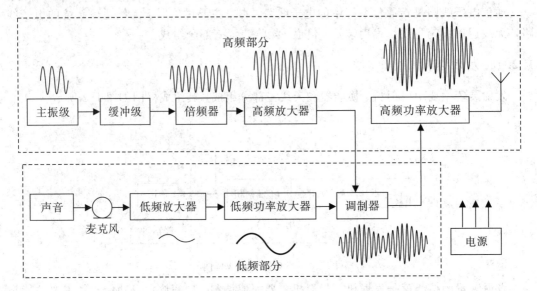

图 1.3　无线电中波广播调幅发射系统的组成框图

高频部分通常由主振级、缓冲级、倍频器、高频放大器、高频功率放大器组成。

（1）主振级。主振级产生频率为 f_{osc} 的高频振荡信号，频率一般为几十千赫兹以上。

（2）缓冲级。缓冲级一般为放大器，用于减弱后级对主振级的影响。

（3）倍频器。倍频器由一级或多级带谐振回路的谐振放大器（包括倍频器）构成，用于放大振荡信号，使频率倍增至载波频率 f_c。

（4）高频放大器。高频放大器用来提供足够大的载波功率。

（5）高频功率放大器。高频功率放大器又称受调放大器，用来提供功率足够的已调信号，使末级功放的输出功率达到所需的发射功率，再经天线辐射出去。

低频部分包括低频放大器、低频功率放大器和调制器。

（1）低频放大器。低频放大器由多级小信号放大器组成，用于放大从话筒采集进来的电信号。

（2）低频功率放大器。低频功率放大器用于将低频调制信号进一步放大到调制所需的功率。

（3）调制器。调制器用于实现调幅功能，将输入的载波信号和调制信号变换为所需的调幅信号，并送到末级高频功率放大器进行放大后加到天线上。

1.2.2　信道

从天线辐射出来的电磁波将沿着信道传播，不同频率有着不同的传播方式。电磁波从发射到接收的途径大体分为三种：靠地面传播的，称为地波；靠地球上空电离层反射到地面采用单跳或多跳方式传播的，称为天波；靠空间两点间直线传播的，称为空间波。

1. 地波

地波是无线电波沿地球表面传播的传播模式，如图 1.4(a)所示。地波的传播比较稳定，不受昼夜变化的影响，而且能够沿着弯曲的地球表面到达地平线以外的地方。但这种传播方式容易产生趋肤效应。所谓趋肤效应(Skin Effect)，是指当导体中有交流电或者交变电磁场时，导体内部的电流分布不均匀，电流集中在导体的"皮肤"部分。也就是说，电流集中在导体外表的薄层部分，越靠近导体表面，电流密度越大，导线内部实际的电流越小。趋肤效应会使导体的电阻增加，使其损耗功率也增加。地球是个良导体，地球表面会因地波的传播引起感应电流，产生趋肤效应，且频率越高，趋肤效应越大，损失的能量越多。因此地波适于波长在 200 m 以上或者频率在 1500 kHz 以下的中长波和中波，中波和中长波的传播距离不大，一般在几百千米范围内。收音机在这两个波段一般只能收听到本地或邻近省市的电台，如民用广播为 535～1605 kHz 频段(每 10 kHz 一个节目)。

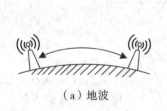 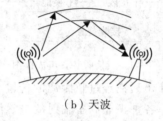 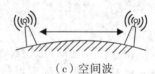

（a）地波　　　　　　　　　　（b）天波　　　　　　　　　　（c）空间波

图 1.4　无线电波传播方式

2. 天波

在地面上空 50 千米到几百千米的范围内，大气中一部分气体分子由于受到太阳光的照射而丢失电子，发生电离，产生带正电的离子和自由电子，这一范围内的大气层就叫作电离层。依靠电离层的反射来传播的无线电波叫作天波，如图 1.4(b)所示。波长为 10～200 m 或者频率为 1500 kHz～30 MHz 的信号短波(高频段)适用于天波传播。波长短于 10 m 的微波会穿过电离层，波长超过 3000 m 的长波几乎会被电离层全部吸收。对于中波、中短波、短波这些信号，波长越短，电离层对它吸收得越少，而反射得越多。因此，短波最适宜以天波的形式传播，它可以被电离层反射到几千千米以外。但是，电离层是不稳定的，电离层会对反射的电磁波进行吸收，使其衰减，电离浓度越大，则损耗越大，而这种因电离层随机变化导致的电磁波起伏衰减就是衰落现象。白天受阳光照射时电离程度高，夜晚电离程度低，因此夜间电离层对中波和中短波的吸收减弱，这时中波和中短波也能以天波的形式传播。收音机在夜晚能够收听到许多远距离的中波或中短波电台，就是这个缘故。

3. 空间波

波长在 10 m 以下或频率在 30 MHz 以上的超短波通常被称为微波。微波和超短波既不能以地波的形式传播，也不能依靠电离层的反射以天波的形式传播，它们是沿直线传播的，这种沿直线传播的电磁波叫作空间波，如图 1.4(c)所示。直线的传播方式受大气的干扰小，能量损耗少，所以收到的信号较强且比较稳定。电视、雷达采用的都是微波。但由于地球表面是球形的，而微波需要沿直线传播，因此虽然发射天线和接收天线都建得很高，但最多也只能达到几十千米。为了增大传播距离，在进行远距离通信时，要设立中继站，由某地发射出去的微波，被中继站接收，进行放大，再传向下一站。这就像接力赛跑一样，一站传一站，把电信号传播到远方。例如，用同步通信卫星传送微波时，同步通信卫星就静止在赤道上空 36 000 km 的高空中，用它来作中继站，可以使无线电信号跨越大陆和海洋。

1.2.3 接收装置

接收装置主要包括接收天线、接收机和换能器三部分，其组成框图如图 1.5 所示。

接收设备

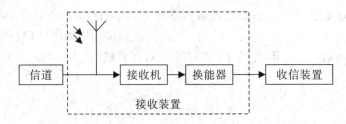

图 1.5 接收装置组成框图

接收是发射的逆过程。由于电磁波经过长距离的传输，能量已经产生很大的损耗，且空间中有其他电台的发射信号、各种工业设备辐射的电磁波、大气层和宇宙固有的电磁干扰等，因此对接收装置的要求是能从众多电磁波中选出有用的微弱信号。

接收天线用于将空间接收到的电磁波转换为高频电振荡。

接收机用于将接收天线感应到的微弱高频电振荡转换成为电信号并进行有选择性的放大，恢复其中的有用信号，这个过程叫作解调。所谓解调，是从已调信号中恢复出调制信号（基带信号）的过程，是调制的逆过程。对应于不同的调制方式，解调也分为三种：对调幅波的解调叫作幅度检波；对调频波的解调叫作频率检波，又称为鉴频；对调相波的解调叫作相位检波，又称为鉴相。

换能器用于将接收到的电信号还原成原始信息。

接收机主要有超外差式（Super Heterodyne）、镜频抑制式、直接变换式、零中频式和数字中频式等。目前无线电接收设备基本上都采用超外差式，它能克服其他接收机波段性差、高频小信号调谐放大器级数受限等缺点，从而得到了广泛的应用。所谓超外差式，是指利用本地产生的振荡波与输入信号混频，将输入信号频率变换为某个预先确定的频率。超外差式接收机的主要特点就是由频率固定的中频放大器来完成对接收信号的选择和放大，当信号频率改变时，只要相应地改变本地振荡信号频率即可。虽然超外差式接收机电路比较复杂，也存在着诸如组合频率干扰、副波道干扰、交调干扰等现象，但这种接收机的性能优于高频（直接）放大式接收机，容易得到足够大且比较稳定的放大量，具有较高的选择性和较好的频率特性，方便调整，所以至今仍广泛应用于远程信号的接收，并且已推广应用到测量技术等方面。

以采用调幅方式的无线电广播超外差式接收系统为例，从天线接收到的频率为 f_c 的微弱信号，先经过一级或者几级高频小信号放大，再送到混频器与本地振荡器所产生的频率

为 f_L 的本振信号相混合，输出频率为 f_I、包络形状不变的调幅信号。f_I 叫作中频频率，是 f_L 与 f_c 两个频率之差或者之和。中频信号再经过中频放大器放大，送入检波器，检波后得到低频调制信号，最后经低频放大器放大幅度，送到扬声器转变为声音信号。这种接收系统的组成框图及每一级的波形如图 1.6 所示。

超外差接收机

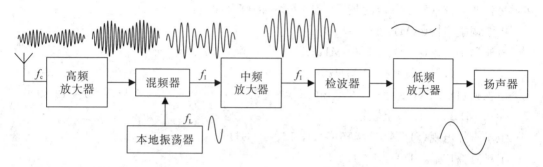

图 1.6 采用调幅方式的无线电广播超外差式接收系统的组成框图

图 1.6 中：

（1）高频放大器。高频放大器由一级或多级小信号谐振放大器组成，用于放大从天线上接收到的微弱信号，同时还有选频和滤波的作用，通常以 LC 谐振回路作为负载完成选频作用。高频放大器的谐振频率与载波频率 f_c 相同。

（2）本地振荡器。本地振荡器用来产生本振信号，其频率为 f_L。f_L 可调，且能跟踪 f_c。

（3）混频器。混频器是超外差式接收机的核心，有两个输入信号，分别是频率为 f_c 的高频已调信号与频率为 f_L 的本地振荡信号。通过混频器，将接收到的不同频率的高频已调信号变换为频率固定为 f_I 的中频信号，这就是所谓的外差作用。当输入信号频率变化时，本地振荡器的频率也相应地改变，以保持中频固定不变。f_I 的表达式如下：

$$f_I = |f_L - f_c| \tag{1.2}$$

我国调幅广播的中频 $f_I = 465$ kHz，调频广播的中频 $f_I = 10.7$ MHz，电视图像的中频 $f_I = 38$ MHz，微波接收机、卫星接收机的中频 $f_I = 70$ MHz 或者 140 MHz。

（4）中频放大器。中频放大器由谐振小信号放大器组成。由于中频是固定的，因此中频放大器的选择性和增益均与接收的载波频率无关。

（5）检波器。检波器实现解调功能，将中频调幅波转换成低频的调制信号。

（6）低频放大器。低频放大器由低频小信号放大器和低频功率放大器组成，用于放大解调信号，同时向扬声器提供所需的功率。

1.3 无线通信频段的划分

在通信领域，频段指的是电磁波的频率范围，单位为 Hz。无线通信中使用的频段只是电磁波频段中很小的一部分，定义了无线电波的频率范围。无线电波按波长的不同可划分为超长波、长波、中波、短波、超短波（米波）和微波（包括分米波、厘米波、毫米波）等，按频率的不同可划分为甚低频、低频、中频、高频、甚高频、特高频、超高频和极高频等频段。

全部无线通信均通过自由空间传播，为了合理使用频谱资源，保证各个行业的不同业务使用频谱资源时彼此之间不会干扰，国际电信联盟无线委员会(ITU-R)颁布了国际无线电规则，对各种业务和通信系统所使用的无线频段都进行了统一的频率范围规定。这些频段的频率范围在各个国家和地区实际应用时会略有不同，但都必须在国际上规定的这些范围内。国际无线电规则将现有的无线电通信共分成航空通信、航海通信、陆地通信、卫星通信、广播、电视、无线电导航、定位以及遥测、遥控、空间探索等50多种不同的业务，并对每种业务都规定了一定的频段。我国常用的频段如下：

中波调幅广播(AM)：535～1605 kHz。

短波调幅广播(AM)：2～30 MHz。

调频广播(FM)：88～108 MHz。

电视频道（TV）：50～100 MHz（第1～5频道），170～220 MHz（第6～12频道），470～870 MHz（第13以上频道）。

卫星直播电视(SDTV)：4～6 GHz，12～14 GHz。

卫星直播广播(SDB)：12～14 GHz。

全球卫星定位系统(GPS)：$L_1 = 1575.42$ MHz，$L_2 = 1227.60$ MHz。

表1.1列出了无线电频段划分及主要应用。

表 1.1　无线电频(波)段划分

波段名称	频段名称	波长范围	频率范围	主要用途
超长波(甚低频)	VLF	100～10 km	3～30 kHz	音频、电话、数据终端、长距离导航、时标
长波(低频)	LF	10～1 km	30～300 kHz	电力线通信、海上导航、信标
中波(中频)	MF	1000～100 m	300 kHz～3 MHz	AM广播、业余无线电、移动陆地通信
短波(高频)	HF	100～10 m	3～30 MHz	短波广播、业余无线电、移动无线电话、定点军用通信
超短波(甚高频)	VHF	10～1 m	30～300 MHz	FM广播、电视、导航、移动通信、空中管制、车辆通信、无线寻呼
分米波(特高频)	UHF	1～0.1 m	300～3000 MHz	电视、空间遥测、雷达导航、移动通信、点对点通信
厘米波(超高频)	SHF	10～1 cm	3～30 GHz	微波通信、卫星通信、雷达
毫米波(极高频)	EHF	10～1 mm	30～300 GHz	穿入大气层时的通信、雷达、微波接力
光波		300～0.006 μm	1～50 THz	光纤通信

表1.1中，频段的划分只是相对的，相邻的频段之间并没有绝对的分界线。其中，"高频"也只是一个相对的概念。只要电路尺寸比工作波长小得多，都可以认为是"高频"范围。不同频段信号的产生、放大、传输和收发方法都不同。对于米波以上的信号，通常采用集中(总)参数的方法和"路"的概念来分析和实现；而对于米波以下的信号，一般采用分布参数的方法和"场"的概念来分析和实现。本书中涉及的频率范围包含中频(MF)到超高频(SHF)。

对于军方使用的无线电频段来说，其无线频段与民用的不同，设备也不一样。例如，军方使用跳频对讲机，每一次发射的频率都不一样，一般的设备相当难捕捉到信号。目前较常使用的无线传输频率为 2.4 GHz、5.8 GHz、3.5 GHz 等。其中，2.4 GHz 和 5.8 GHz 为公用开放频段，3.5 GHz 为区域性电信用频段，这三个频段均不具有绕射能力，但由于波长短，因此反射效果较好。另外，1.2 GHz 和 1.4 GHz 为军用频段，波长达到公分级，绕射能力稍强，且频段干净，传输效果较好。UHF 和 VHF 的 900 MHz、700 MHz 和 400 MHz 为波长在 1 m 左右的频段。900 MHz 频段以下均具有绕射能力，但传输带宽较窄，一般车用移动传输考虑到绕射能力及传输速度等采用 800 MHz 以下、450 MHz 以上较为理想。350 MHz 频段是公安用于常规对讲的专用频段，寻呼频段一般是 130 多兆赫兹和 150 多兆赫兹。230 MHz 一般用于数据传输，420~430 MHz 曾用于准集群频段。现在军队等权力部门逐渐使用 1.2 GHz、1.4 GHz 用于移动视频传输。表 1.2 是美国军方命名的无线电频段范围和名称。

表 1.2　美国军用无线电频段

频段	频率范围/GHz
VHF	0.1~0.3
UHF	0.3~1.0
L	1.0~2.0
S	2.0~4.0
C	4.0~8.0
X	8.0~12
Ku	12~18
K	18~26
Ka	26~40
微波	40~

1.4　选 频 电 路

在无线通信系统中，无论是从自由空间电磁波中接收已调信号，还是利用非线性电路实现频率变换，多数情况下，信号本身不是单一频率的信号，而是占据了一定的频带宽度。能从各种输入频率分量中选择出有用的信号，并对其他无用的干扰和噪声信号有不同程度的抑制作用，这对于提高整个电路的输出信号质量和抗干扰能力是极其重要的。这一工作由选频电路完成。选频电路是高频电路中最常见的基本电路，在发射和接收部分都用到了选频电路，其主要特点是具有选频作用。除了选频以外，某些电路中的选频电路还兼作阻抗匹配电路。

选频电路按功能可以分为低通滤波电路、带通滤波电路、高通滤波电路和带阻滤波电路等，按工作原理可以分为谐振式选频电路、石英晶体滤波器、陶瓷滤波器、声表面波滤波器等。石英晶体滤波器、陶瓷滤波器、声表面波滤波器等均为固态滤波器。下面介绍各类选频电路的工作原理和特性。

1.5　*LC* 谐振回路

利用 *LC* 谐振回路所呈现出来的谐振特性来实现选频功能的电路，称为谐振式选频电路。本节主要介绍 *LC* 谐振回路，它是非线性电子电路中最常用的选频网络。*LC* 谐振回路由电感和电容组成，根据电容和电感数量不同可分为单回路谐振回路和双回路谐振回路，根据电感和电容与外接信号连接方式的不同可以分为并联谐振回路和串联谐振回路两类。

1.5.1　*LC* 并联谐振回路的基本特性

1. 空载的 *LC* 并联谐振回路

空载的 *LC* 并联谐振回路的一般电路结构如图 1.7 所示，其中 r 是固有损耗电阻。

LC 并联谐振
回路-1

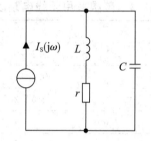

图 1.7　空载的 *LC* 并联谐振回路的一般电路结构

1）并联谐振回路的谐振条件

图 1.7 所示电路的导纳为

$$Y(\mathrm{j}\omega)=\mathrm{j}\omega C+\frac{1}{\mathrm{j}\omega L+r}=\frac{r}{r^2+(\omega L)^2}+\mathrm{j}\left[\omega C-\frac{\omega L}{r^2+(\omega L)^2}\right] \tag{1.3}$$

当 $Q=\dfrac{\omega L}{r}\gg 10$，即 $\omega L\gg r$ 时，可忽略 r，则式（1.3）可化简为

$$Y(\mathrm{j}\omega)=\frac{r}{(\omega L)^2}+\mathrm{j}\left(\omega C-\frac{1}{\omega L}\right) \tag{1.4}$$

当 $\omega C=\dfrac{1}{\omega L}$ 时，式（1.4）中的电纳部分为零，即满足谐振条件，则该并联谐振电路发生了谐振，谐振角频率 $\omega=\omega_0=\dfrac{1}{\sqrt{LC}}$。

此时，$Y(\mathrm{j}\omega)=\dfrac{r}{(\omega_0 L)^2}=G_0$ 为纯电导，称为谐振电导。而谐振电阻 R_0 为

$$R_0=\frac{1}{G_0}=\frac{(\omega_0 L)^2}{r}=Q_0\omega_0 L=\frac{Q_0}{\omega_0 C}=Q_0^2 r=\frac{L}{Cr} \tag{1.5}$$

其中，$Q_0=\dfrac{\omega_0 L}{r}=\dfrac{1}{\omega_0 Cr}=\dfrac{R_0}{\omega_0 L}=R_0\omega_0 C$ 称为固有品质因数，是谐振回路中的一个重要参数，其值的大小用于衡量电路选频特性及抑制干扰信号的能力，值越大，选择性（即谐振回路对不需要信号的抑制能力）越好。在空载时，Q_0 的值通常小于 200。

式(1.5)表明，并联谐振回路在发生谐振时，回路两端为纯阻性，则图 1.7 可以用如图 1.8 所示的简化电路来代替。在后面的章节中，我们都将用图 1.8 来表示 LC 并联谐振回路的结构。

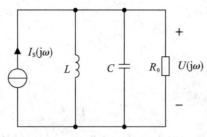

图 1.8　LC 并联谐振回路

2) 谐振特性

当 LC 并联谐振回路发生谐振时，有以下几个特性：

(1) 回路的电纳为零，导纳 $Y(j\omega) = G_0$ 变为最小且为纯电导。

(2) 回路两端的电压 $U(j\omega_0)$ 达到了最大，此时：

$$U(j\omega) = U_0 = I_S(j\omega) \cdot R_0 \tag{1.6}$$

且 U_0 与 $I_S(j\omega)$ 同相。

(3) 流过电容 C 支路的电流为

$$I_{C0}(j\omega_0) = \frac{U_0}{\dfrac{1}{j\omega_0 C}} = j\omega_0 C U_0 = j\omega_0 C I_S(j\omega) R_0 = j\omega_0 C I_S(j\omega) \frac{Q_0}{\omega_0 C} = jQ_0 I_S(j\omega) \tag{1.7}$$

流过电容 L 支路的电流为

$$I_{L0}(j\omega_0) = \frac{U_0}{j\omega_0 L} = \frac{I_S(j\omega_0) R_0}{j\omega_0 L} = \frac{I_S(j\omega_0) Q_0 \omega_0 L}{j\omega_0 L} = -jQ_0 I_S(j\omega_0) \tag{1.8}$$

因此：

$$|I_{C0}(j\omega_0)| = |I_{L0}(j\omega_0)| = Q_0 |I_S(j\omega_0)| \tag{1.9}$$

也即谐振时，流过电容的电流与流过电感的电流大小相等，方向相反，且均为电流源的 Q_0 倍。

(4) 当非谐振(失谐)时，若信号源的频率高于谐振频率 ω_0，则回路呈现容性；若信号源的频率低于谐振频率 ω_0，则回路呈现感性。

3) 阻抗特性曲线

LC 并联谐振的阻抗为

$$Z_P(j\omega) = \frac{1}{Y(j\omega)} = \frac{1}{G_0 + j\left(\omega C - \dfrac{1}{\omega L}\right)} = \frac{R_0}{1 + j\dfrac{\omega C - \dfrac{1}{\omega L}}{G_0}} \tag{1.10}$$

其中：

$$\frac{\omega C - \dfrac{1}{\omega L}}{G_0} = \frac{\omega C \omega_0 L - \dfrac{\omega_0}{\omega}}{G_0 \omega_0 L} = Q_0\left(\frac{\omega}{\omega_0} - \frac{\omega_0}{\omega}\right) \tag{1.11}$$

当失谐量 $\Delta\omega = \omega - \omega_0$ 非常小，即 ω 和 ω_0 非常接近时，有

$$\frac{\omega}{\omega_0}-\frac{\omega_0}{\omega}=\frac{(\omega+\omega_0)(\omega-\omega_0)}{\omega_0\omega}\approx\frac{2\Delta\omega}{\omega_0} \tag{1.12}$$

则式(1.10)可以化简为

$$Z_P(j\omega)=\frac{R_0}{1+jQ_0\left(\frac{\omega}{\omega_0}-\frac{\omega_0}{\omega}\right)}\approx\frac{R_0}{1+jQ_0\frac{2\Delta\omega}{\omega_0}} \tag{1.13}$$

式中，$Q_0\frac{2\Delta\omega}{\omega_0}$称为广义失谐量。

因此，阻抗的模为

$$|Z|=\frac{R_0}{\sqrt{1+Q_0^2\left(\frac{\omega}{\omega_0}-\frac{\omega_0}{\omega}\right)^2}}=\frac{R_0}{\sqrt{1+Q_0^2\left(\frac{f}{f_0}-\frac{f_0}{f}\right)^2}}=\frac{R_0}{\sqrt{1+\left(Q_0\frac{2\Delta f}{f_0}\right)^2}} \tag{1.14}$$

阻抗的相位为

$$\varphi_Z=-\arctan\frac{\omega C-\frac{1}{\omega L}}{G_0} \tag{1.15}$$

并联谐振回路的阻抗特性曲线如图1.9所示。由图1.9可见，当$\omega=\omega_0$时，$Z=R_0$，呈纯阻性；当$\omega>\omega_0$时，$Z<R_0$；当$\omega<\omega_0$时，$Z<R_0$；当激励源的角频率与回路固有角频率相等时，Z呈最大值，回路两端的电压值达到最大；当偏离谐振角频率时，回路两端的电压值均减小。利用上述现象可实现选频功能。

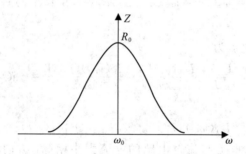

图1.9 LC谐振回路的阻抗特性曲线

4）并联谐振回路的选频特性

并联谐振回路的电压方程表达式为

$$U(j\omega)=I_S(j\omega)Z_P(j\omega) \tag{1.16}$$

其幅频特性方程为

$$U=I_S\cdot Z_P=\frac{I_S\cdot R_0}{\sqrt{1+Q_0^2\left(\frac{f}{f_0}-\frac{f_0}{f}\right)^2}}=\frac{U_0}{\sqrt{1+Q_0^2\left(\frac{f}{f_0}-\frac{f_0}{f}\right)^2}}=\frac{U_0}{\sqrt{1+\left(Q_0\frac{2\Delta f}{f_0}\right)^2}} \tag{1.17}$$

相频特性方程为

$$\varphi_u=-\arctan Q_0\left(\frac{f}{f_0}-\frac{f_0}{f}\right) \tag{1.18}$$

由幅频特性方程可知，其特性不仅与失谐量、谐振频率有关，还与品质因数Q_0的值有关。Q_0值越大，幅频特性曲线越窄，下降速度越快，曲线变换越剧烈；相反地，Q_0值越小，

*LC*并联谐振
回路-2

幅频特性曲线越平坦。同理，Q_0 值越大，相频特性曲线也越陡，越向 $\pm 90°$ 方向趋近。

　　幅频特性曲线和相频特性曲线如图 1.10 所示。图中，$Q_1 < Q_2$。当 $\omega = \omega_0$ 时，电压幅值最大；当 $\omega > \omega_0$ 时，回路呈现容性，电压幅值减小；当 $\omega < \omega_0$ 时，回路呈现感性，电压幅值也减小。

　　用归一化的公式来表示幅频特性方程，即

$$\alpha = \frac{U}{U_0} = \frac{1}{\sqrt{1 + Q_0^2 \left(\dfrac{f}{f_0} - \dfrac{f_0}{f}\right)^2}} = \frac{1}{\sqrt{1 + \left(Q_0 \dfrac{2\Delta f}{f_0}\right)^2}} \tag{1.19}$$

表示回路在某一个频偏下的选择性。α 越小，表示选择性越好。归一化的幅频特性和相频特性与图 1.10 类似，只是幅度的最大值变成了 1。

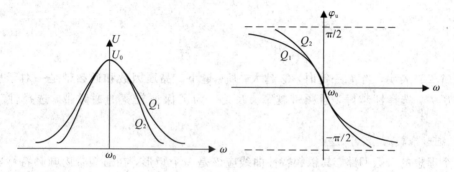

图 1.10　LC 并联谐振回路的幅频特性曲线和相频特性曲线

　5）通频带

　　通频带也叫作带宽，是指幅频特性曲线从最高下降到 $1/\sqrt{2}$（或者下降 3 dB）所对应的频带宽度。如图 1.11 所示，以归一化的幅频特性曲线为例，通频带用符号 $B_{0.7}$ 表示，其计算式为

$$B_{0.7} = f_2 - f_1 \tag{1.20}$$

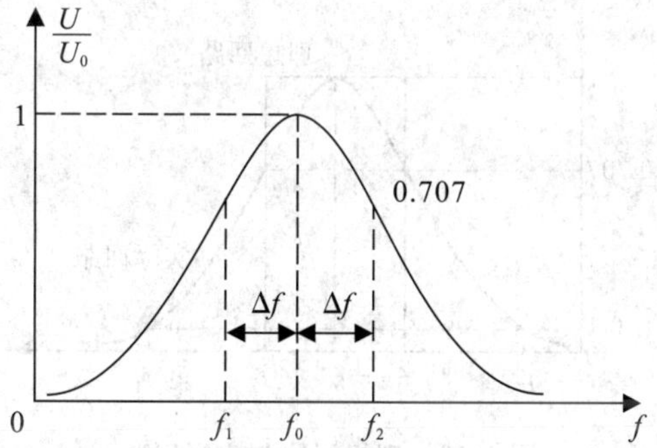

图 1.11　LC 并联谐振回路的通频带

此时，可以求出通频带 $B_{0.7}$ 与品质因数 Q_0 之间的关系。

根据通频带的定义：

$$\alpha = \frac{U}{U_0} = \frac{1}{\sqrt{1 + \left(Q_0 \dfrac{2\Delta f}{f_0}\right)^2}} = \frac{1}{\sqrt{2}} \tag{1.21}$$

可得

$$Q_0 \frac{2\Delta f}{f_0} = \pm 1 \tag{1.22}$$

即

$$\begin{cases} Q_0 \dfrac{2(f_2 - f_0)}{f_0} = 1 \\ Q_0 \dfrac{2(f_1 - f_0)}{f_0} = -1 \end{cases} \tag{1.23}$$

解得

$$Q_0 \frac{2(f_2 - f_1)}{f_0} = 2 \tag{1.24}$$

也即

$$B_{0.7} = f_2 - f_1 = \frac{f_0}{Q_0} \tag{1.25}$$

式(1.25)表明,当 f_0 一定时, Q_0 越大, $B_{0.7}$ 越小。品质因数和通频带是一对矛盾的参数。 Q_0 越大,选择性越好,通频带越窄。反之,为了保证较宽的通频带,选择性就要差一些。

6)矩形系数

一个理想的谐振回路,其幅频特性曲线应该是一个矩形,在通频带内幅频特性曲线应该是完全平坦的,即通频带范围内所有信号都能通过,而通频带以外则为零,信号完全通不过。因此,可以用谐振回路幅频特性接近矩形的程度(即矩形系数)来衡量回路的选择性,其定义为

$$K_{0.1} = \frac{B_{0.1}}{B_{0.7}} \tag{1.26}$$

式中, $B_{0.1}$ 表示下降到幅频特性曲线最高值 0.1 倍时所对应的频带宽度,如图 1.12 所示。

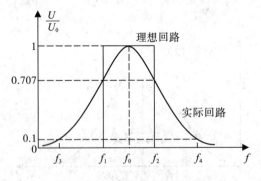

图 1.12 理想回路与实际回路

理想情况下, $B_{0.1} = B_{0.7}$, $K_{0.1} = 1$。但实际上,由

$$\alpha = \frac{U}{U_0} = \frac{1}{\sqrt{1 + \left(Q_0 \dfrac{2\Delta f}{f_0}\right)^2}} = \frac{1}{10} \tag{1.27}$$

$$B_{0.1} = f_4 - f_3 = \sqrt{10^2 - 1} \frac{f_0}{Q_0} \tag{1.28}$$

可算得

$$K_{0.1} = \sqrt{10^2 - 1} \approx 9.96 \tag{1.29}$$

$K_{0.1} \gg 1$，且与回路的品质因数和谐振频率均无关，这说明单谐振回路的选择性比较差。

2. 有载的 *LC* 并联谐振回路

考虑到负载 R_L 和信号源内阻 R_S 时，*LC* 并联谐振回路如图 1.13 所示。谐振条件不变，仍然为 $\omega_0 = 1/\sqrt{LC}$。为了区别空载和有载，我们用 Q_0 表示空载的品质因数，用 Q_L 表示有载的品质因数。

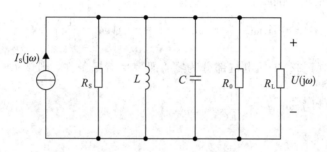

图 1.13　带信号源内阻和负载的 *LC* 并联谐振回路

当空载时，有

$$Q_0 = \frac{R_0}{\omega_0 L} = R_0 \omega_0 C \tag{1.30}$$

有载时，有

$$Q_L = \frac{R_\Sigma}{\omega_0 L} = R_\Sigma \omega_0 C = \frac{Q_0}{1 + \dfrac{R_0}{R_S} + \dfrac{R_0}{R_L}} < Q_0 \tag{1.31}$$

其中，$R_\Sigma = R_S /\!/ R_0 /\!/ R_L$。

式(1.31)表明，接入了信号源内阻以及负载后，品质因数 Q_L 变小，且 R_S 和 R_L 越小，Q_L 下降得越多。因此，为了保证选择性不受太大的影响，应该尽可能选择阻值较大的 R_S 和 R_L。此外，除了会影响选择性外，信号源内阻和负载往往是不相等的，即阻抗不匹配，当相差较多时，负载上得到的功率可能很小。在实际电路中，信号源内阻 R_S 和负载 R_L 的数值都是固定的，无法调整，那么该如何降低这两个阻值对品质因数的影响呢？解决以上问题的途径是利用阻抗转换的方法，使 R_S 和 R_L 不直接并入回路中，而是经过一些简单的变换电路折算到回路两端（阻抗变换将在 1.7 节中详细介绍）。

有载时其他特性均与空载时类似，前面所有空载时的公式在有载时均适用，只要把 Q_0 换成 Q_L 即可。

1.5.2　*LC* 串联谐振回路的基本特性

1. 空载的 *LC* 串联谐振回路

空载的 *LC* 串联谐振回路如图 1.14 所示。图中，r 为固有损耗电阻。

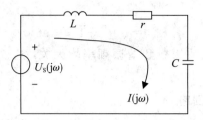

图 1.14　空载的 LC 串联谐振回路

1）LC 串联谐振回路的谐振条件

图 1.14 中，回路的阻抗为

$$Z(\mathrm{j}\omega)=r+\mathrm{j}\omega L+\frac{1}{\mathrm{j}\omega C}=r+\mathrm{j}\left(\omega L-\frac{1}{\omega C}\right) \tag{1.32}$$

当 $\omega L=\dfrac{1}{\omega C}$ 时，式(1.32)中的电抗部分为零，即满足谐振条件，则该 LC 串联谐振电路发生了谐振，谐振角频率 $\omega=\omega_0=\dfrac{1}{\sqrt{LC}}$。

2）谐振特性

当 LC 串联谐振回路发生谐振时，有以下几个特性：

（1）回路的电抗为零，电阻 $Z(\mathrm{j}\omega_0)=r$ 最小且为纯阻性。

（2）回路中电流 $I(\mathrm{j}\omega_0)$ 达到了最大，此时有

$$I(\mathrm{j}\omega)=I_0=\frac{U_\mathrm{s}(\mathrm{j}\omega)}{r} \tag{1.33}$$

且 I_0 与 $U_\mathrm{s}(\mathrm{j}\omega)$ 同相。

（3）电感 L 和电容 C 两端的电压幅值相等，且为电源电压的 Q_0 倍。

定义品质因数：

$$Q_0=\frac{\omega_0 L}{r}=\frac{1}{r\omega_0 C}=\frac{1}{r}\sqrt{\frac{L}{C}}=\frac{\rho}{r} \tag{1.34}$$

式中，ρ 为特性阻抗，其值为

$$\rho=\omega_0 L=\frac{L}{\sqrt{LC}}=\sqrt{\frac{L}{C}} \tag{1.35}$$

则电感 L 两端的电压为

$$U_{L0}=I_0\cdot\mathrm{j}\omega_0 L=\frac{U_\mathrm{s}(\mathrm{j}\omega_0)}{r}\cdot\mathrm{j}\omega_0 L=\mathrm{j}\,\frac{\omega_0 L}{r}U_\mathrm{s}(\mathrm{j}\omega_0)=\mathrm{j}Q_0 U_\mathrm{s}(\mathrm{j}\omega_0) \tag{1.36}$$

电容 C 两端的电压为

$$U_{C0}=\frac{I_0}{\mathrm{j}\omega_0 C}=\frac{U_\mathrm{s}(\mathrm{j}\omega_0)}{r}\cdot\frac{1}{\mathrm{j}\omega_0 C}=-\mathrm{j}\,\frac{1}{\omega_0 Cr}U_\mathrm{s}(\mathrm{j}\omega_0)=-\mathrm{j}Q_0 U_\mathrm{s}(\mathrm{j}\omega_0) \tag{1.37}$$

因此，电感 L 和电容 C 两端的电压大小相等，方向相反，也即

$$|U_{L0}|=|U_{C0}|=Q_0|U_\mathrm{s}| \tag{1.38}$$

（4）当非谐振(失谐)时，若信号源的频率高于谐振频率 ω_0，则回路呈现感性；若信号源的频率低于谐振频率 ω_0，则回路呈现容性。

3）能量关系

假设瞬时电流 $i = I_m \sin\omega t$，电容 C 上的电压为

$$u_C = \frac{1}{C}\int_0^t i\mathrm{d}t = -\frac{I_m}{C\omega}\cos\omega t = -U_{Cm}\cos\omega t \tag{1.39}$$

电感上的磁能为

$$W_L = \frac{1}{2}Li^2 = \frac{1}{2}LI_m^2\sin^2\omega t \tag{1.40}$$

电容上的电能为

$$W_C = \frac{1}{2}Cu_C^2 = \frac{1}{2}CU_{Cm}^2\cos^2\omega t \tag{1.41}$$

而

$$W_{Cmax} = \frac{1}{2}CU_{Cm}^2 = \frac{1}{2}CQ_0^2U_S^2 = \frac{1}{2}C\left(\frac{\rho}{r}\right)^2U_S^2 = \frac{1}{2}C\frac{1}{r^2}\frac{L}{C}U_S^2 = \frac{1}{2}LI_m^2 = W_{Lmax} \tag{1.42}$$

因此总能量为

$$W = W_L + W_C = \frac{1}{2}LI_m^2 = \frac{1}{2}CU_{Cm}^2 = W_{Lmax} = W_{Cmax} \tag{1.43}$$

总能量是一个常数，这说明能量在电感 L 和电容 C 之间相互转化，不消耗外加能量。

4）阻抗特性曲线

LC 串联谐振回路的阻抗为

$$Z(\mathrm{j}\omega) = r + \mathrm{j}\left(\omega L - \frac{1}{\omega C}\right) \tag{1.44}$$

其幅频特性和相频特性方程分别为

$$|Z(\mathrm{j}\omega)| = \sqrt{r^2 + \left(\omega L - \frac{1}{\omega C}\right)^2} \tag{1.45}$$

$$\varphi_Z(\mathrm{j}\omega) = \arctan\frac{\omega L - \frac{1}{\omega C}}{r} \tag{1.46}$$

阻抗特性曲线如图 1.15 所示。由图 1.15 可以看出，在谐振点时，阻抗值最小；当工作频率高于谐振频率 ω_0 时，回路呈现感性；当工作频率低于谐振频率 ω_0 时，回路呈现容性。

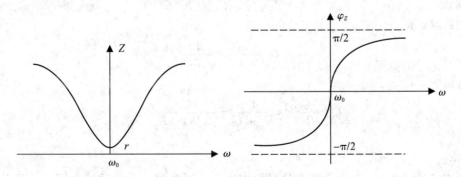

图 1.15　阻抗特性曲线

5）LC 串联谐振回路的选频特性

LC 串联谐振回路的回路电流为

$$I(j\omega) = \frac{U_S(j\omega)}{r + j\left(\omega L - \dfrac{1}{\omega C}\right)} \tag{1.47}$$

用归一化的方程可以表示为

$$\alpha = \frac{I(j\omega)}{I_0(j\omega)} = \frac{\dfrac{U_S(j\omega)}{r + j\left(\omega L - \dfrac{1}{\omega C}\right)}}{\dfrac{U_S(j\omega)}{r}} = \frac{1}{1 + j\left[\dfrac{\omega L - \dfrac{1}{\omega C}}{r}\right]}$$

$$= \frac{1}{1 + j\dfrac{\omega_0 L}{r}\left(\dfrac{\omega}{\omega_0} - \dfrac{\omega_0}{\omega}\right)} = \frac{1}{1 + jQ_0\left(\dfrac{\omega}{\omega_0} - \dfrac{\omega_0}{\omega}\right)} = \frac{1}{1 + jQ_0\left(\dfrac{f}{f_0} - \dfrac{f_0}{f}\right)} \tag{1.48}$$

由式(1.48)可以看出，LC 串联谐振回路的幅频特性方程与式(1.19)中 LC 并联谐振回路的幅频特性方程完全一样，因此其选频特性及曲线、通频带、矩形系数等参数也与 LC 并联谐振回路相同。

2. 有载的 LC 串联谐振回路

考虑到负载 R_L 和信号源内阻 R_S 时，LC 串联谐振回路如图 1.16 所示。

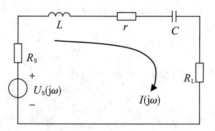

图 1.16　带信号源内阻和负载的 LC 串联谐振回路

谐振条件不变，仍然为 $\omega_0 = \dfrac{1}{\sqrt{LC}}$。同样，为了区别空载和有载，用 Q_0 表示空载，用 Q_L 表示有载。

空载时，有

$$Q_0 = \frac{\omega_0 L}{r} = \frac{1}{r\omega_0 C} \tag{1.49}$$

有载时，有

$$Q_L = \frac{\omega_0 L}{R_\Sigma} = \frac{1}{R_\Sigma \omega_0 C} = \frac{Q_0}{1 + \dfrac{R_S}{r} + \dfrac{R_L}{r}} < Q_0 \tag{1.50}$$

其中，$R_\Sigma = R_S + r + R_L$。

由式(1.50)可知，接入负载和信号源内阻后，回路的品质因数减小了，说明有载时，电路的选择性变差，但通频带比空载时要宽，且 R_S、R_L 越大，Q_L 较 Q_0 下降得越多。另外，实际信号源内阻和负载不一定都是纯内阻，在频率较低时电抗成分一般可忽略，但随着频率的增大，就要考虑对谐振回路的影响。

此外，有载的其他特性均与空载类似，前面所有空载时的公式只要把 Q_0 换成 Q_L，均适用于有载。

1.6　固 体 滤 波 器

石英晶体滤波器、陶瓷滤波器和声表面波滤波器统称为固体滤波器，是不需要调整的滤波器。下面简单介绍各类固体滤波器的工作原理和特性。

1.6.1　石英晶体滤波器

石英晶体的化学成分为 SiO_2，形状为六角锥体，是一种重要的电子材料。石英晶体具有一种特殊的物理性能——压电效应。沿一定方向切割的石英晶片，当受到某种特定的拉伸或者压缩的机械应力作用时将产生与应力成正比的电场或电荷，且电场或者电荷的大小与拉伸或者压缩的机械应力引起的形变成正比，这种现象称为正压电效应。反之，当石英晶片受到交变的电场作用时，会产生与电场成正比的机械振动，这种现象称为逆压电效应。正、逆两种效应合称为压电效应。石英晶体可以把机械振动转变成交变电压，也能把交变电压转变成机械振动。如果外加的交变电压频率与石英晶体的固有振动频率相等，则晶体会发生共振，此时具有最大的机械振动振幅，外电路中将产生最大的回路电流。除了具有压电效应外，石英晶体还具有优良的机械特性、电学特性和温度特性，用石英晶体设计制作的谐振器、振荡器和滤波器等在稳频和选频方面都有突出的优点。

石英晶体的电路符号和等效电路如图 1.17 所示。

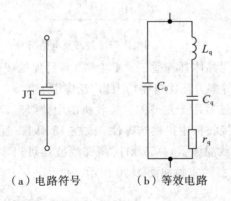

（a）电路符号　　　　（b）等效电路

图 1.17　石英晶体的电路符号和等效电路

图 1.17 中，L_q 为等效电感或动态电感，相当于晶体的质量，一般为 $10^{-3} \sim 10^{-2}$ H；C_q 为等效电容或动态电容，取决于晶体的弹性系数，一般为 $10^{-4} \sim 10^{-1}$ pF；r_q 为等效电阻或动态电阻，取决于晶体在机械振动中的摩擦损耗，一般为几十到几百欧姆；C_0 为静态电容，是以石英为介质、以两个电极为极板而形成的分布电容，一般为几 pF 到几十 pF。

因此，石英晶体具有很小的等效电容和等效电阻、很大的等效电感，其品质因数 $Q_q = \dfrac{1}{r_q}\sqrt{\dfrac{L_q}{C_q}-1}$ 非常大，一般可以达到几万甚至上百万，比 LC 电路高很多，故其性能比 LC 谐

振滤波器的传统器件更优异，具有精确的中心频率和
陡峭的带通特性。石英晶体滤波器在通带中的典型插
入损耗约为1~3 dB，通常用于无线电接收机的通信
设备中，特别是作为高质量接收机的中频级。最流行
的晶体滤波器频率为 9 MHz、10.7 MHz 和一些较高
的频率，以确保通信接收机的良好选择性。典型的石
英晶体滤波器实物如图 1.18 所示。

1.6.2 陶瓷滤波器

图 1.18　石英晶体滤波器

　　把某些陶瓷材料如锆钛酸铅 $Pb(ZrTi)O_3$ 制成片
状，两面覆盖银层作为电极，经过直流高压极化后，它具有与石英晶体相同的压电效应，
利用该效应可以制成滤波器，称为陶瓷滤波器。

　　可利用单个陶瓷片构成两端陶瓷滤波器，其电路符号和等效电路与石英晶体滤波器相
同，工作频率为从几百千赫到几百兆赫，带宽较窄，品质因数约为几百，数值介于 LC 滤波
器和石英晶体滤波器之间，因此其选择性比 LC 滤波器好，比石英滤波器差。两端陶瓷滤
波器的选择性较差，将几个陶瓷滤波器进行适当的组合连接，就能得到滤波性能较好的四
端陶瓷滤波器，如图 1.19 所示。

陶瓷谐振片

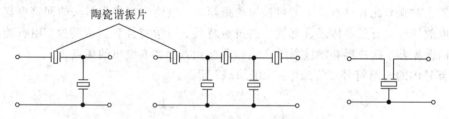

图 1.19　四端陶瓷滤波器及电路符号

　　由于陶瓷容易焙烧，比晶体具有适于成批生产、容易加工成任意形状、易小型化、耐热
性和耐湿性能好、成本低等多方面优越性，因此广泛应用于接收机中，如收音机的中放、电视
机的伴音中放等。陶瓷滤波器用于超外差式接收机的中放级时，通常工作在 10.7 MHz，以
便在广播频率调制(FM)接收机中提供选择性，或在 455 kHz 通信接收机作为第二中放滤
波器或幅度调制(AM)中放滤波器，455 kHz 陶瓷滤波器可以实现与 10.7 MHz 晶体滤波
器相似的带宽。陶瓷滤波器的实物如图 1.20 所示。

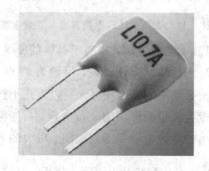

图 1.20　陶瓷滤波器

双端陶瓷滤波器用于中频放大器的应用电路如图 1.21 所示，双端陶瓷滤波器 LB 并联在发射极电阻 R_e 上，取代旁路电容。陶瓷滤波器谐振在中频频率上，对中频信号呈很小的阻抗，此时负反馈最小，增益最大。输入信号的频率偏离中频频率越大，陶瓷滤波器呈现的阻抗越大，负反馈越强，增益越小，从而能提高中频信号的选择性。

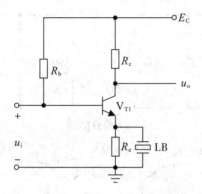

图 1.21　陶瓷滤波器实用电路

1.6.3　声表面波滤波器

声表面波(Surface Acoustic Wave，SAW)是沿着弹性材料的表面行进的声波，其振幅随着衬底的深度而呈指数衰减。使用 SAW 的电子设备通常有一个或多个叉指式换能器(IDT)，通过利用某些材料的压电效应将声波转换成电信号，反之亦然。

声表面波滤波器是在一块石英、铌酸锂或钛钛酸铅等具有压电效应的材料基片上蒸发一层金属膜，然后经光刻，在两端各形成一对叉指形电极(分别称为输入叉指换能器和输出叉指换能器)而形成的，其结构如图 1.22 所示。

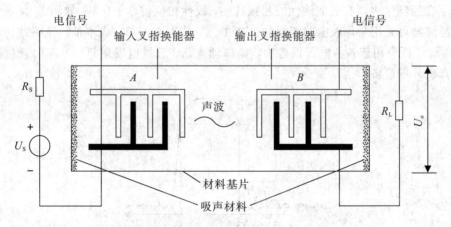

图 1.22　声表面波滤波器的结构示意图

当在输入叉指换能器上加上交流电压后，压电晶体基片的表面会产生周期性振动，产生的一部分声波被吸声材料所吸收，另一部分则传向输出端。该声波主要沿着基片表面的叉指形电极升起的方向传播，故称为声表面滤波。当外加信号的频率与声表面波的固有频率相同时，传输效率最高，衰减最小。在接收端，由接收叉指换能器将声波再转化为电信号，并由叉指形电极输出。声表面波滤波器的中心频率、幅频特性和相频特性等指标由叉指形电极的形状、疏密、大小、距离等参数决定。其等效电路和电路符号如图1.23所示。图中，输入、输出阻抗呈容性，主要是由叉指换能器的静态电容引起的，使用时常常在输入、输出端并联一个电感和电阻，以便与输入、输出电容构成品质因数较低的调谐回路，实现纯电阻匹配。

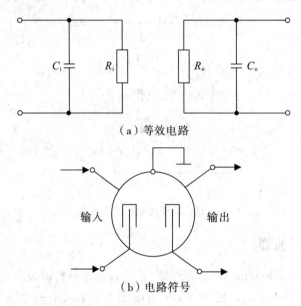

（a）等效电路

（b）电路符号

图1.23　声表面波滤波器的等效电路和电路符号

声表面波滤波器具有工作频率高、通频带宽、选频特性好、体积小和重量轻等特点，在抑制电子信息设备高次谐波、镜像信息、发射漏泄信号以及各类寄生杂波干扰等方面起到了良好的作用，可以实现任意所需精度的幅频和相频特性的滤波，通频带宽$B_{0.7}/f_0$可达到50%，在通频带内具有近似线性的相频特性，线性相位偏移±1.5°，如图1.24所示。声表面波滤波器可采用与集成电路相同的生产工艺，其制造简单，成本低，频率特性的一致性好，因此广泛应用于各种电子设备中，如移动电话、无线电发射机、车库门开启器遥控器和计算机外围设备等。

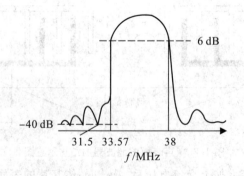

图1.24　声表面波滤波器的幅频特性

近年来国外已将SAW滤波器片式化，重量只有0.2 g，如图1.25所示。另外，由于采用了新的晶体材料和最新的精细加工技术，使SAW器件的使用上限频率提高到了2.5~3 GHz，从而促使SAW滤波器在抗EMI领域获得了更广泛的应用。

图 1.25　SAW 器件的产品

1.7　阻抗变换网络

在通信电子线路中，通常要在信号源与电路之间，或者电路的输出与负载之间，或者级联电路之间进行阻抗变换。所谓阻抗变换，指的是将实际的负载阻抗变换成电路中所需的匹配的最佳负载。阻抗达到匹配时可以得到最大的传输功率，同时发射机的效率也能得到提高，接收机的灵敏度也能得到改善。

由前面内容可知，在 LC 并联谐振回路中，信号源内阻和负载会对回路的选择性有影响，降低了品质因数的值。为了减小信号源内阻以及负载对 LC 谐振回路的影响，保证较高的 Q_L 值，常常要用到阻抗变换。阻抗变换对于提高整个电路的性能，特别是选择性有着重要的作用。对阻抗变换网络的要求除了变换阻抗外，还希望无损耗，或者损耗尽可能低。因此，阻抗变换网络通常采用电抗元件实现。下面介绍几种常用的阻抗变换网络。

1. 自耦变压器阻抗变换网络

图 1.26(a)为自耦变压器接入电路，电感 L 总匝数为 N_1 匝，抽头匝数为 N_2 匝，负载 R_L 采用了部分接入的方式。图 1.26(b)为转换后的等效电路，将负载 R_L 从次级折算到初级回路的两端，R_L' 为折算后的等效电阻。

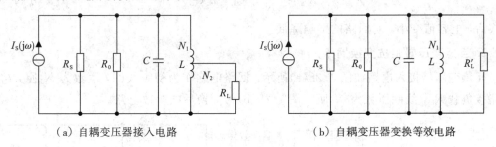

（a）自耦变压器接入电路　　　　　　　　（b）自耦变压器变换等效电路

图 1.26　自耦变压器阻抗变换网络

假设变压器是理想的，初次级无漏磁，根据功率相等，可得 $P_初 = P_次$，即

$$\frac{U_初^2}{R_L'} = \frac{U_次^2}{R_L} \tag{1.51}$$

而初级与次级之间的电压比即为匝数比：

$$\frac{U_初^2}{U_次^2} = \left(\frac{N_1}{N_2}\right)^2 \tag{1.52}$$

这里定义接入系数 n，表示接入部分占总的比例，用其值大小反映外部接入负载对变压回路影响大小的程度，则在自耦变压器中，令

$$n = \frac{N_2}{N_1} \tag{1.53}$$

因此：

$$R'_L = \frac{1}{n^2} R_L \tag{1.54}$$

对于自耦变压器，n 总是小于或等于 1，即 R_L 等效到初级回路后阻值增大，且 n 越小，等效负载越大，对回路的影响越小。此时 LC 并联谐振回路的 Q_L 为

$$Q_L = \frac{R_\Sigma}{\omega_0 L} = \frac{R_0 \mathbin{/\mkern-4mu/} R_S \mathbin{/\mkern-4mu/} R'_L}{\omega_0 L} \tag{1.55}$$

比负载 R_L 直接接在 LC 并联谐振回路两端时的品质因数有了提高。

当负载不是纯电阻，而是包含电抗成分时，如图 1.27 所示，负载是电阻和电容的并联。

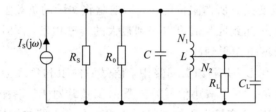

图 1.27　非纯电阻的阻抗变换网络

图 1.27 中，电阻部分的换算关系为式(1.54)。而电容部分也可以利用功率相等，即

$$\frac{U_{初}^2}{\dfrac{1}{\omega C'_L}} = \frac{U_{次}^2}{\dfrac{1}{\omega C_L}} \tag{1.56}$$

式中，C'_L 表示折算到回路两端后的等效电容，可计算得到：

$$C'_L = \left(\frac{N_2}{N_1}\right)^2 C_L = n^2 C_L \tag{1.57}$$

转换后，电容值变小，对回路的影响降低。

2. 互感变压器阻抗变换网络

互感变压器接入电路如图 1.28(a)所示，回路电感作为初级线圈，匝数为 N_1 匝，次级回路接负载 R_L，线圈匝数为 N_2 匝。图 1.28(b)为变换后的等效电路。

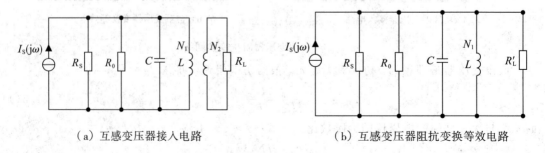

（a）互感变压器接入电路　　　　　　　　（b）互感变压器阻抗变换等效电路

图 1.28　互感变压器阻抗变换网络

假设变压器理想，则同样可以用功率相等计算，与自耦变压器的分析过程一样，可得 $R_L' = \dfrac{1}{n^2} R_L$。在实际应用中，变压器不可能是理想的，但只要初次级之间的耦合系数接近 1，初级激磁电感量很大，就可以近似认为变压器是理想的。若负载中包含电抗成分，则自耦变压器阻抗变换网络部分负载的推导过程在这里也同样适用。

3. 电容分压式阻抗变换网络

电容分压式接入电路如图 1.29(a)所示，电容由 C_1 和 C_2 串联，抽头从电容 C_2 两端引出，回路两端电压为 $U_1(\mathrm{j}\omega)$，输出端电压为 $U_2(\mathrm{j}\omega)$，假设电容是理想无耗的，则根据功率相等可得

$$\frac{U_1^2}{R_L'} = \frac{U_2^2}{R_L} \tag{1.58}$$

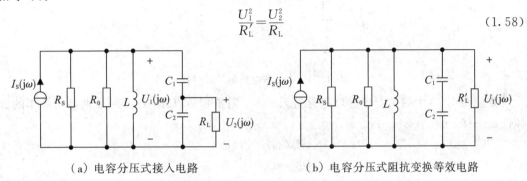

(a) 电容分压式接入电路　　　　　　(b) 电容分压式阻抗变换等效电路

图 1.29　电容分压式阻抗变换网络

当满足 $R_L \gg \dfrac{1}{\omega C_2}$ 时，式(1.58)可以化简为

$$\frac{U_2}{U_1} = \frac{\dfrac{1}{\omega C_2}}{\dfrac{1}{\omega C_2} + \dfrac{1}{\omega C_1}} = \frac{C_1}{C_1 + C_2} \tag{1.59}$$

令接入系数 $n = \dfrac{C_1}{C_1 + C_2}$，则 $R_L' = \dfrac{1}{n^2} R_L$。

若是带容性的电抗负载，则 $C_L' = n^2 C_L$ 的结论同样适用。

4. 信号源的部分接入

信号源接到电路中时，为了减小内阻对电路的影响，同样也可以采取部分接入的方式，前面的结论在这里同样适用。

通过以上几种阻抗变换网络可以发现，无论采用何种接入方式，都能使回路的品质因数 Q_L 增大，同时对谐振频率无影响，且可以通过调整接入系数 n 的值，使电路达到阻抗匹配。但以上接入方式均与工作频率无关，若要在某一特定的频率下实现信号源与电路之间或电路与负载之间的阻抗匹配，则需要用到下面将介绍的 LC 选频匹配网络。

1.8　LC 选频匹配网络

匹配网络分为输入匹配网络和输出匹配网络。输入匹配网络用于实现信号源的输出阻抗与放大电路输入阻抗之间的匹配，使放大器获得最大的激励功率；输出匹配网络用于将

负载变换为放大器所需的最佳匹配负载，以保证输出功率达到最大。此外，匹配网络还兼有选频和滤波的作用。

1.8.1　阻抗电路的串并联等效转换

电阻与电抗元件串联及并联的电路如图 1.30 所示。

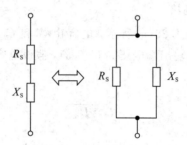

图 1.30　串并联电路的等效变换

要使图 1.30 中的两个串并联电路等效，除了阻抗相等以外，还必须令两者对频率的选择性也一样，即

$$\begin{cases} Z_P(j\omega) = Z_S(j\omega) \\ Q_P = Q_S \end{cases} \tag{1.60}$$

式中，Z_P 和 Q_P 分别表示电阻与电抗元件并联后的阻抗和品质因数，Z_S 和 Q_S 分别表示电阻与电抗元件串联后的阻抗和品质因数，则

$$\begin{cases} Z_P(j\omega) = \dfrac{R_P \cdot jX_P}{R_P + jX_P} = \dfrac{X_P^2}{R_P^2 + X_P^2}R_P + j\dfrac{R_P^2}{R_P^2 + X_P^2}X_P \\ Z_S(j\omega) = R_S + jX_S \end{cases} \tag{1.61}$$

要使 $Z_P(j\omega) = Z_S(j\omega)$，就必须使

$$\begin{cases} R_S = \dfrac{X_P^2}{R_P^2 + X_P^2}R_P \\ X_S = \dfrac{R_P^2}{R_P^2 + X_P^2}X_P \end{cases} \tag{1.62}$$

同理，有

$$\begin{cases} R_P = \dfrac{R_S^2 + X_S^2}{R_S} \\ X_P = \dfrac{R_S^2 + X_S^2}{X_S} \end{cases} \tag{1.63}$$

再由前面 LC 串联谐振回路及 LC 并联谐振回路对品质因数 Q 的定义可知：

$$Q_S = \frac{|X_S|}{R_S} = Q_P = \frac{R_P}{|X_P|} \tag{1.64}$$

由式(1.62)、式(1.63)和式(1.64)可得

$$\begin{cases} R_P = (1 + Q)^2 R_S \approx Q^2 R_S \\ X_P = \left(1 + \dfrac{1}{Q^2}\right)X_S \approx X_S \end{cases} \tag{1.65}$$

由于 $Q_P = Q_S$，因此在式(1.65)中就不作区分了，统一用 Q 表示。由式(1.65)可知，

串并联电路等效变换前后元件的性质不变。在此，电抗元件 X_P 和 X_S 可以是电容，也可以是电感。

根据串并联等效变换，可以推导出各种形式的选频匹配网络。LC 选频匹配网络有 L 型、T 型和 π 型等几种不同的组成形式。

1.8.2　L 型选频匹配网络

L 型是最基本的选频匹配网络。本节将以 L 型为例利用 1.8.1 节介绍的串并联等效变换电路及公式，说明其选频匹配原理。

L 型选频匹配网络由两个性质相异的电抗元件 X_1 和 X_2 组成，常用的两种电路如图 1.31 所示。

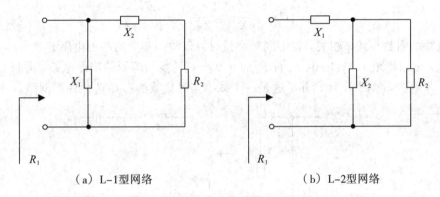

（a）L-1型网络　　　　　　　　　（b）L-2型网络

图 1.31　L 型选频匹配网络

图 1.31 中，R_2 为实际负载电阻，R_1 为在某工作频率上需要等效的匹配电阻。

接下来我们将对这两个 L 型选频匹配网络的工作过程进行分析。在 1.31(a) 中，假设 X_1 是电容，X_2 为电感，X_1 和 X_2 构成了 L 型结构，其电路变换为图 1.32，这是一个增大实际负载的 L 型选频匹配网络。

由于 X_2 与 R_2 串联，因此可以等效转换为并联电路，X_1 保持不变，如图 1.33 所示。

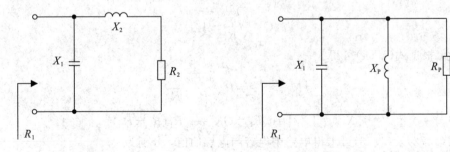

图 1.32　增大负载的 L 型选频匹配网络　　　图 1.33　增大负载的 L 型匹配网络等效变换

当 X_1 与 X_P 发生并联谐振时，$j(X_1 + X_P) = 0$，则此时 $R_1 = R_P$。

根据式(1.65)可知：

$$R_1 = R_P = (1+Q)^2 R_2 > R_2 \tag{1.66}$$

等效的负载比实际负载的值大，因此实现了增大负载的功能。由式(1.66)可得

$$Q=\sqrt{\frac{R_1}{R_2}-1} \tag{1.67}$$

因此，根据式(1.64)可得

$$|X_2|=QR_2=\sqrt{R_2(R_1-R_2)} \tag{1.68}$$

而由于 X_1 与 X_P 发生并联谐振，因此

$$|X_P|=|X_1|=\frac{R_P}{Q}=\frac{R_1}{Q}=R_1\sqrt{\frac{R_2}{R_1-R_2}} \tag{1.69}$$

由式(1.68)及式(1.69)可求得电路中电容与电感的值，分别为

$$\begin{cases} L=\dfrac{|X_2|}{\omega}=\dfrac{|X_2|}{2\pi f} \\ C=\dfrac{1}{\omega|X_1|}=\dfrac{1}{2\pi f|X_1|} \end{cases} \tag{1.70}$$

该电路的参数与频率相关，在不同频率值时可以得到不同的匹配电阻。

同理，可以将图1.31(b)中 X_2 与 R_2 的并联电路转换为等效的串联电路，并假设 X_1 是电感，X_2 为电容，如图1.34所示，这是一个减小实际负载的L型选频匹配网络。

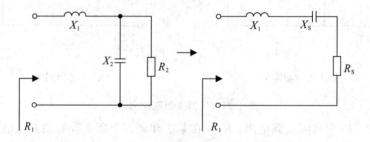

图 1.34　减小负载的 L 型选频匹配网络

当 X_1 与 X_S 发生串联谐振时，$j(X_1+X_S)=0$，则此时 $R_1=R_S$。根据式(1.65)可知，$R_S=\dfrac{R_2}{1+Q^2}<R_2$，等效的负载比实际负载的值小，因此实现了减小负载的功能。此时，有

$$Q=\sqrt{\frac{R_2}{R_1}-1} \tag{1.71}$$

因此，根据式(1.64)可得

$$|X_2|=\frac{R_2}{Q}=R_2\sqrt{\frac{R_1}{R_2-R_1}} \tag{1.72}$$

$$|X_1|=|X_S|=QR_S=QR_1=\sqrt{R_1(R_2-R_1)} \tag{1.73}$$

由式(1.72)及式(1.73)可求得电路中电容与电感的值，分别为

$$\begin{cases} L=\dfrac{|X_1|}{\omega}=\dfrac{|X_1|}{2\pi f} \\ C=\dfrac{1}{\omega|X_2|}=\dfrac{1}{2\pi f|X_2|} \end{cases} \tag{1.74}$$

若L型选频匹配网络中的负载不是纯电阻，而是包含电抗分量，则计算时可以先将电抗分量与L型选频匹配网络中的电抗部分合并，待完成匹配功能后，再从L型选频匹配网络中减去相应的电抗分量即可。

由以上推导过程可知，无论是增大负载还是减小负载的 L 型选频匹配网络，网络中的元件值均由品质因数 Q 来决定，这个 Q 是确定的，不能任意选择。同时 Q 还决定了转换前后负载的电阻值，因此 L 型选频匹配网络有可能不能满足滤波性能的要求，这时可以采用 T 型和 π 型选频匹配网络来实现。

1.8.3　T 型选频匹配网络

T 型选频匹配网络是由 3 个电抗元件构成的变换网络，如图 1.35 所示。

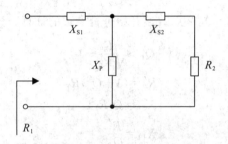

图 1.35　T 型选频匹配网络

通过将 X_P 拆分成两个电抗元件，可以将 T 型选频匹配网络看成两个 L 型选频匹配网络的组合，如图 1.36 所示。图中，$X_P = X_{P1} \ /\!/ \ X_{P2}$，$R'$ 是中间电阻。

根据前面对 L 型选频匹配网络的分析可知，X_{P2} 和 X_{S2} 构成的 L 型选频匹配网络为增大负载的匹配网络，因此：

$$Q_2 = \sqrt{\frac{R'}{R_2} - 1} \tag{1.75}$$

X_{S1} 和 X_{P1} 构成的 L 型选频匹配网络为减小负载的匹配网络，则

$$Q_1 = \sqrt{\frac{R'}{R_1} - 1} \tag{1.76}$$

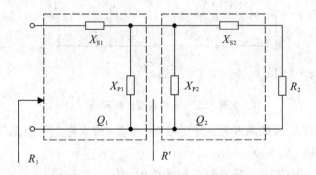

图 1.36　T 型选频匹配网络的等效变换

Q_1 和 Q_2 的值可以根据选频匹配网络的性能要求来进行设置，也可以根据频带要求来设定 Q_1 和 Q_2 中较大的那个值。因此，T 型选频匹配网络的元器件参数在计算时分成以下两种情况：

（1）当 $R_1 > R_2$ 时，$Q_2 > Q_1$，从 R_2 端开始进行参数的计算。先选定 Q_2，应该满足：

$$Q_2 > \sqrt{\frac{R_1}{R_2} - 1} \tag{1.77}$$

$$\begin{cases} R' = (1 + Q_2^2)R_2 \\ X_{S1} = Q_1 R_1 \\ X_{P1} = \dfrac{R'}{Q_1} \\ X_{S2} = Q_2 R_2 \\ X_{P2} = \dfrac{R'}{Q_2} \end{cases} \tag{1.78}$$

（2）当 $R_2 > R_1$ 时，$Q_1 > Q_2$，从 R_1 端开始进行参数的计算。先选定 Q_1，应该满足：

$$Q_1 > \sqrt{\frac{R_2}{R_1} - 1} \tag{1.79}$$

$$\begin{cases} R' = (1 + Q_1^2)R_1 \\ X_{S1} = Q_1 R_1 \\ X_{P1} = \dfrac{R'}{Q_1} \\ X_{S2} = Q_2 R_2 \\ X_{P2} = \dfrac{R'}{Q_2} \end{cases} \tag{1.80}$$

1.8.4　π型选频匹配网络

π型选频匹配网络如图 1.37 所示。

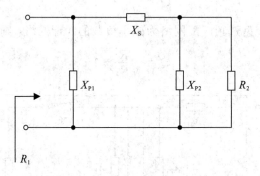

图 1.37　π型选频匹配网络

同理，也可以把 X_S 拆成两部分，分别与 X_{P2} 和 X_{P1} 构成两个 L 型选频匹配网络的组合，如图 1.38 所示，图中 $X_{S1} + X_{S2} = X_S$。

同理，X_{P2} 和 X_{S2} 构成的 L 型选频匹配网络中，有

$$Q_2 = \sqrt{\frac{R_2}{R'} - 1} \tag{1.81}$$

X_{S1} 和 X_{P1} 构成的 L 型选频匹配网络中，有

$$Q_1 = \sqrt{\frac{R_1}{R'} - 1} \tag{1.82}$$

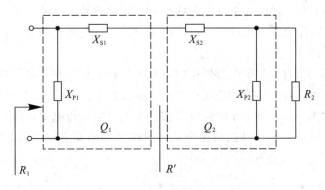

图 1.38　π 型选频匹配网络的等效变换

因此，必须满足 $R' < R_1$，$R' < R_2$。Q_1 和 Q_2 的值可以根据选频匹配网络的性能要求进行设置。π 型选频匹配网络的元器件参数在计算时也分成以下两种情况：

(1) 当 $R_1 > R_2$ 时，$Q_1 > Q_2$，从 R_1 端开始进行参数的计算。先选定 Q_1，应该满足：

$$Q_1 > \sqrt{\frac{R_1}{R_2} - 1} \tag{1.83}$$

$$\begin{cases} R' = \dfrac{R_1}{1+Q_1^2} \\ X_{S1} = Q_1 R' \\ X_{P1} = \dfrac{R_1}{Q_1} \\ X_{S2} = Q_2 R' \\ X_{P2} = \dfrac{R_2}{Q_2} \end{cases} \tag{1.84}$$

(2) 当 $R_2 > R_1$ 时，$Q_2 > Q_1$，从 R_2 端开始进行参数的计算。先选定 Q_2，应该满足：

$$Q_2 > \sqrt{\frac{R_2}{R_1} - 1} \tag{1.85}$$

$$\begin{cases} R' = \dfrac{R_2}{1+Q_2^2} \\ X_{S1} = Q_1 R' \\ X_{P1} = \dfrac{R_1}{Q_1} \\ X_{S2} = Q_2 R' \\ X_{P2} = \dfrac{R_2}{Q_2} \end{cases} \tag{1.86}$$

1.9　非线性器件的基本特点

1.9.1　概述

本课程最大的特点就是频率高和非线性。只要包含一个非线性器件的电路就是非线性电路。通信电子线路中，器件几乎都是非线性的，如二极管、三极管等。虽然在低频模拟电子电路中，利用同样的器件构成了"线性"电子电路，但实际上是非线性器件在不同的使用条件下表现出来的非线性程度不同而已。

根据器件的不同特性，非线性器件可以分成非线性电阻器件、非线性电容器件和非线性电感器件等，因此对器件参数的描述也不同。非线性电阻器件指的是电压与电流之间的伏安特性呈非线性关系的器件，非线性电容器件指的是电压与电荷之间的伏库特性呈非线性关系的器件，非线性电感器件指的是电流与磁链之间的安韦特性呈非线性关系的器件，如图 1.39 所示。

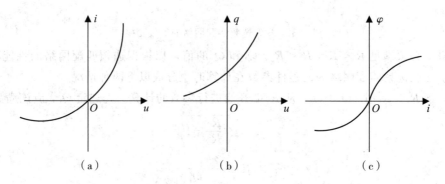

图 1.39　非线性器件的特性

在分析非线性器件对输入信号的响应时，叠加原理等分析方法已经不再适用，必须求解微分或者积分等非线性方程。在不同的控制变量下，非线性器件的特性方程也不同。在工程上可以针对实际情况对非线性器件和电路做一些合理的近似，如可以用图解法和解析法等分析方法。

所谓图解法，指的是根据非线性器件的特性曲线及输入信号的波形，通过作图方法直接求出电路中的电流和电压等波形。解析法指的是利用非线性器件的特性曲线的数学表达式，列出电路方程进行求解。下面将简单介绍这两种方法。

1.9.2　非线性器件的特性

非线性器件有多种含义不同的参数，这些参数都随着激励信号的变化而变化。以非线性电阻性器件为例，常用的参数主要有以下几种。

1. 直流电导

直流电导又称静态电导，指的是非线性电阻器件在伏安特性曲线上任意一点与原点之间连线的斜率，如图 1.40 所示，主要用于静态分析，用 g_0 表示，其值为

$$g_0 = \frac{I_Q}{U_Q} \tag{1.87}$$

g_0 是 I_Q 或者 U_Q 的非线性函数，在线性器件中，该值是不会变的。

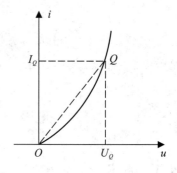

图 1.40　直流电导示意图

2. 交流电导

交流电导又称增量电导或者微分电导，指的是 i-u 特性曲线上任意一点的斜率或者近似为该点上增量电流与增量电压的比值，如图 1.41 所示，主要用于小信号分析，用 g_d 表示，其值为

$$g_d = \lim_{\Delta u \to \infty} \frac{\Delta i}{\Delta u} = \frac{di}{du}\bigg|_Q \tag{1.88}$$

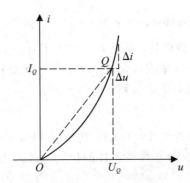

图 1.41　交流电导示意图

g_d 也是 U_Q 或者 I_Q 的非线性函数。交流电导用于分析小信号作用于非线性电阻上的响应，此时对于输入信号来说，非线性电阻可用斜率为 g_d 的直线近似表示其伏安特性，即非线性电阻在此小范围内可以被认为是线性的。电阻的非线性特性不是表现在对小信号的作用上，而是表现在微分电导的值将随工作点电压 U_Q 或者工作点电流 I_Q 的变化而变化。

3. 平均电导

当非线性器件在静态电压的基础上再叠加一个幅值较大的交变信号时，对其不同的瞬态值，非线性电阻的伏安特性曲线其斜率是不同的，从而引入了平均电导的概念。平均电导主要用于大信号分析，用 g_{av} 表示，其值为

$$g_{av} = \frac{I_{1m}}{U_m} \tag{1.89}$$

其中，I_{1m} 是电流分量中的基波分量，U_m 是外加电压的幅值。g_{av} 除了与静态工作点 Q 有关以外，还与外加信号幅度的大小有关。

1.9.3　非线性器件的频率变换作用

非线性器件的非线性特性都具有频率变换功能，不管用什么函数去逼近非线性器件的特性，当输入正弦信号时，输出电流都会出现新的频率分量。利用该特性，可以构成通信电子线路中的各种功能电路，如调制、解调等，反映在数学上即表示为相乘。相乘是实现频率变换电路的核心。假设非线性器件的伏安特性为

$$i = au^2 \tag{1.90}$$

若在该非线性器件上加上两个输入信号 u_1 和 u_2，则产生的电流为

$$i = a(u_1 + u_2)^2 = au_1^2 + 2au_1u_2 + au_2^2 \tag{1.91}$$

当 $u_1 = U_{1m}\cos\omega_1 t$，$u_2 = U_{2m}\cos\omega_2 t$ 时，则

$$i = aU_{1m}^2\cos^2\omega_1 t + 2aU_{1m}U_{2m}\cos\omega_1 t\cos\omega_2 t + aU_{2m}^2\cos^2\omega_2 t$$

$$= \frac{aU_{1m}^2}{2}(1+\cos2\omega_1 t) + \frac{aU_{2m}^2}{2}(1+\cos2\omega_2 t)$$

$$+ aU_{1m}U_{2m}[\cos(\omega_1 - \omega_2)t + \cos(\omega_1 + \omega_2)t]$$

$$= \frac{aU_{1m}^2}{2} + \frac{aU_{2m}^2}{2} + aU_{1m}U_{2m}\cos(\omega_1 - \omega_2)t$$

$$+ aU_{1m}U_{2m}\cos(\omega_1 + \omega_2)t + \frac{aU_{1m}^2}{2}\cos2\omega_1 t + \frac{aU_{2m}^2}{2}\cos2\omega_2 t \tag{1.92}$$

除了第一、二项是直流分量以外，后面几项产生了 $\omega_1 - \omega_2$、$\omega_1 + \omega_2$、$2\omega_1$ 和 $2\omega_2$ 这些新的频率分量。该特性可以用于频率变换电路，且不同的伏安特性会产生不同的频率分量。下面将简单介绍几种能实现相乘功能的频率变换方式。

1. 幂级数近似分析法

假设非线性器件的伏安特性为 $i = f(u)$，其中 $u = U_Q + u_1 + u_2$，U_Q 是静态工作点电压，u_1 和 u_2 是两个输入信号。若非线性器件的伏安特性采用幂级数逼近，则在静态工作点 U_Q 上的泰勒级数展开式为

$$i = a_0 + a_1(u_1 + u_2) + a_2(u_1 + u_2)^2 + \cdots + a_n(u_1 + u_2)^n \tag{1.93}$$

其中，系数 a_n 为

$$a_n = \frac{1}{n!}\frac{d^n f(u)}{du^n}\bigg|_{u=U_Q} = \frac{f^n(U_Q)}{n!} \tag{1.94}$$

由于

$$(u_1 + u_2)^n = \sum_{m=0}^{n}\frac{n!}{m!(n-m)!}u_1^{n-m}u_2^m \tag{1.95}$$

所以，式(1.93)可写成

$$i = \sum_{n=0}^{\infty}\sum_{m=0}^{n}\frac{n!}{m!(n-m)!}a_n u_1^{n-m}u_2^m \tag{1.96}$$

当 $u_1 = U_{1m}\cos\omega_1 t$，$u_2 = U_{2m}\cos\omega_2 t$ 时，根据式(1.96)可知，当两个不同频率的信号同时作用到非线性器件上时，其输出电流中会出现众多这两个信号不同方幂的相乘项 $u_1^{n-m}u_2^m$，若令 $p = n-m$，$q = m$，对两个余弦函数进行积化和差，则产生的组合频率分量为 $|\pm p\omega_1 \pm q\omega_2|$。当 $n = 2$，$m = 1$ 时，实现了两个输入信号的相乘，即

$$|\pm\omega_1 \pm\omega_2| \tag{1.97}$$

其余组合均为无用项。如何消除这些无用分量呢？可以合理选择非线性器件及工作点，以获得理想的相乘效果，或者在工程上采取平衡电路、环形电路等，或者改变两个输入信号的幅度。

2. 线性时变工作状态

若非线性函数 $i = f(u)$，只要该曲线在某一区间任意直流工作点 U_Q 附近各阶导数存在，$i = f(u)$ 就能在 U_Q 点上展开为泰勒级数：

$$i = f(U_Q) + \frac{f'(U_Q)}{1!}(u-U_Q) + \frac{f''(U_Q)}{2!}(u-U_Q)^2 + \cdots + \frac{f^n(U_Q)}{n!}(u-U_Q)^n + \cdots$$

$$= a_0 + a_1(u-U_Q) + a_2(u-U_Q)^2 + \cdots + a_n(u-U_Q)^n + \cdots$$

$$\tag{1.98}$$

当 $u=U_Q+u_1+u_2$，同时假设 u_2 较小时，式(1.98)可在 U_Q+u_1 上对 u_2 用泰勒级数展开，忽略二次方及以上次方项，可得

$$i=f(U_Q+u_1)+f'(U_Q+u_1)u_2 \tag{1.99}$$

其中，第一项 $f(U_Q+u_1)$ 是 u_1 的非线性函数，与 u_2 无关，该项称为 $u_2=0$ 时的静态时变电流，可用 $I_0(t)$ 表示；第二项中，$f'(U_Q+u_1)$ 是 $u_2=0$ 时的时变增量电导，同样是 u_1 的非线性函数，可用 $g(t)$ 表示。因此，式(1.99)可以表示为

$$i=I_0(t)+g(t)u_2 \tag{1.100}$$

i 与 u_2 之间是线性的，而两个受 u_1 控制的系数 $I_0(t)$ 和 $g(t)$ 是时变的，因此将非线性器件的这个状态称为线性时变工作状态，组成的电路叫作线性时变电路。当 $u_1=U_{1m}\cos\omega_1 t$ 时，$I_0(t)$ 和 $g(t)$ 可以用傅里叶级数展开：

$$I_0(t)=I_{00}+I_{01}\cos\omega_1 t+I_{02}\cos2\omega_1 t+\cdots+I_{0n}\cos n\omega_1 t \tag{1.101}$$

$$g(t)=g_0+g_1\cos\omega_1 t+g_2\cos2\omega_1 t+\cdots+g_n\cos n\omega_1 t \tag{1.102}$$

可以用求傅里叶级数系数的方法求得式中的系数：

$$\begin{cases} g_0=\dfrac{1}{2\pi}\displaystyle\int_{-\pi}^{\pi}g(t)\mathrm{d}(\omega_1 t) \\[2mm] g_1=\dfrac{1}{\pi}\displaystyle\int_{-\pi}^{\pi}g(t)\cos\omega_1 t\,\mathrm{d}(\omega_1 t) \\[2mm] \vdots \\[2mm] g_n=\dfrac{1}{\pi}\displaystyle\int_{-\pi}^{\pi}g(t)\cos n\omega_1 t\,\mathrm{d}(n\omega_1 t) \end{cases} \tag{1.103}$$

当 $u_2=U_{2m}\cos\omega_2 t$ 时，将 u_2 和展开式(1.101)、式(1.102)代入式(1.100)，可知电流中的组合频率分量为

$$\omega=|\pm p\omega_1\pm\omega_2| \tag{1.104}$$

其中，p 是包含 0 在内的正整数。当 $p=1$ 时，实现了两个输入信号的相乘功能。相比于幂级数近似分析法，线性时变工作状态中，组合频率分量中 $q>1$ 的无用项全部不存在了。

下面通过例子来说明线性时变工作状态在电路中的应用。假设某非线性器件的伏安特性为

$$i=\begin{cases} g_D u & (u\geqslant 0) \\ 0 & (u<0) \end{cases} \tag{1.105}$$

式中，$u=U_Q+U_{1m}\cos\omega_1 t+U_{2m}\cos\omega_2 t$。若 U_{2m} 很小，满足线性时变条件，则当 $U_Q=-U_{1m}/2$ 时，画出 $I_0(t)$ 和 $g(t)$ 的波形，并求出 $g(t)$ 的表达式。

可以用图解法来求 $I_0(t)$ 和 $g(t)$ 的波形，先画出式(1.105)的 i-u 伏安特性曲线，如图 1.42(a)所示，斜率为 g_D。再画出 g 与 u 之间的关系，可知 g 为常数，与 u 无关，如图 1.42(b)所示。由于 U_{2m} 很小，因此在图 1.42(b)中画 u 的曲线时，只需考虑 U_Q 和 $U_{1m}\cos\omega_1 t$ 即可。根据伏安特性，只有当 $u\geqslant 0$ 时，电路中才有电流，因此可求出导通角，对应的 $I_0(t)$ 和 $g(t)$ 的波形分别如图 1.42(c)和图 1.42(d)所示。

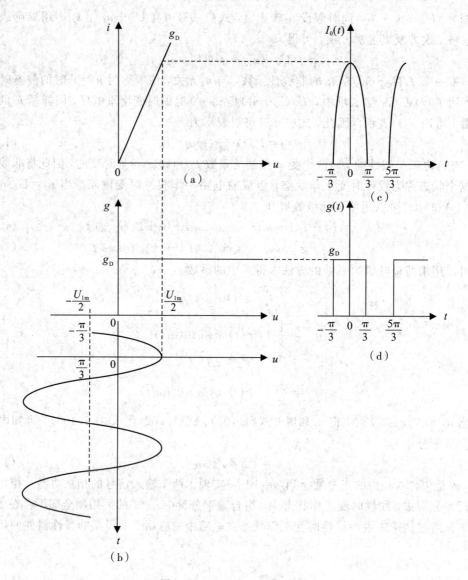

图 1.42　$I_0(t)$ 和 $g(t)$ 的波形

根据式(1.102)和式(1.103)，可计算得

$$g_0 = \frac{1}{2\pi}\int_{-\frac{\pi}{3}}^{\frac{\pi}{3}} g_D \mathrm{d}(\omega_1 t) = \frac{g_D}{3} \tag{1.106}$$

$$g_n = \frac{1}{\pi}\int_{-\frac{\pi}{3}}^{\frac{\pi}{3}} g_D \cos n\omega_1 t \mathrm{d}(n\omega_1 t) = \frac{2g_D}{n\pi}\sin\frac{n\pi}{3} \tag{1.107}$$

因此，有

$$g(t) = \frac{g_D}{3} + \frac{2g_D}{\pi}\sum_{n=1}^{\infty}\frac{1}{n}\sin\frac{n\pi}{3}\cos n\omega_1 t \quad (n \neq 3k) \tag{1.108}$$

同理，还可以求得 $I_0(t)$ 的表达式，最后求出总的电流 i。

3. 指数函数分析法

假设非线性器件为二极管，其伏安特性为

$$i = I_S(e^{\frac{qu}{kT}} - 1) \approx I_S e^{\frac{qu}{kT}} \tag{1.109}$$

式中，$u = U_Q + u_1 + u_2$。若二极管工作在线性时变状态，则

$$i = I_0(t) + g(t)u_2$$

其中：

$$I_0(t) = I_S e^{\frac{q(U_Q + u_1)}{kT}} = I_S e^{\frac{qU_Q}{kT}} e^{\frac{u_1}{kT}} = I_Q e^{\frac{u_1}{kT}} \tag{1.110}$$

当 $u_1 = U_{1m}\cos\omega_1 t$ 时，有

$$I_0(t) = I_Q e^{\frac{U_{1m}\cos\omega_1 t}{kT}} \tag{1.111}$$

其中，$I_Q = I_S e^{\frac{qU_Q}{kT}}$。

$$g(t) = \frac{\partial i}{\partial u}\bigg|_{u = U_Q + u_1} = \frac{qI_S}{kT} e^{\frac{q(U_Q + u_1)}{kT}} = \frac{qI_S}{kT} e^{\frac{qU_Q}{kT}} e^{\frac{qu_1}{kT}} = g_Q e^{\frac{qu_1}{kT}} \tag{1.112}$$

其中，$g_Q = \frac{qI_S}{kT} e^{\frac{qU_Q}{kT}}$。因此，有

$$i = I_0(t) + g(t)u_2 = I_Q e^{\frac{qU_{1m}\cos\omega_1 t}{kT}} + g_Q e^{\frac{qU_{1m}\cos\omega_1 t}{kT}} u_2 \tag{1.113}$$

将 $e^{\frac{qU_{1m}\cos\omega_1 t}{kT}}$ 用傅里叶级数展开，可得

$$e^{\frac{qU_{1m}\cos\omega_1 t}{kT}} = a_0\left(\frac{qU_{1m}}{kT}\right) + 2\sum_{n=1}^{\infty} a_n\left(\frac{qU_{1m}}{kT}\right)\cos n\omega_1 t \tag{1.114}$$

其中，$a_n\left(\frac{qU_{1m}}{kT}\right)$ 是 n 阶贝塞尔函数，代入式(1.113)中得

$$i = (I_Q + g_Q u_2)\left[a_0\left(\frac{qU_{1m}}{kT}\right) + 2\sum_{n=1}^{\infty} a_n\left(\frac{qU_{1m}}{kT}\right)\cos n\omega_1 t\right] \tag{1.115}$$

式(1.115)包含了 $2g_Q a_1\left(\frac{qU_{1m}}{kT}\right)\cos\omega_1 t$ 与 u_2 的相乘项，实现了相乘功能。

4. 开关函数分析法

开关函数分析法是线性时变工作状态中的一个特例，要求一个信号足够小，另外一个信号足够大。当外加激励信号幅度足够大，二极管、三极管等非线性器件的工作动态范围进入截止区和饱和区时，以截止和饱和导通为主要工作状态，特性曲线上局部弯曲的非线性影响可以忽略，此时器件的伏安特性可用分段折线逼近，折线特性本质上是一种开关特性。以图 1.43 为例，u_1 和 u_2 是两个输入信号，u_1 为大信号，u_2 为小信号，二极管工作在开关状态，开和关受到大信号 u_1 的控制。二极管的导通电阻是 R_D。

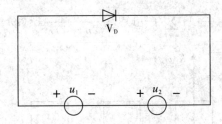

图 1.43　二极管开关电路

分析过程与图 1.42 类似，如图 1.44 所示。

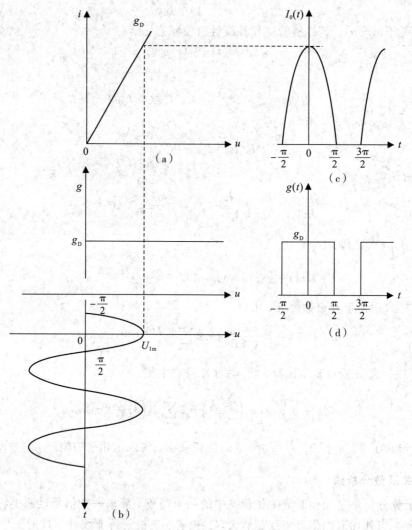

图 1.44　二极管开关函数分析法

此时，引入单向开关函数 $K_1(\omega_1 t)$，表示高度为 1 的单向周期性方波，如图 1.45 所示。$K_1(\omega_1 t)$ 受 u_1 信号控制，可以用傅里叶级数展开为

$$
\begin{aligned}
K_1(\omega_1 t) &= \frac{1}{2} + \frac{2}{\pi}\cos\omega_1 t - \frac{2}{3\pi}\cos3\omega_1 t + \frac{2}{5\pi}\cos5\omega_1 t - \cdots \\
&= \frac{1}{2} + \sum_{n=1}^{\infty}(-1)^{n-1}\frac{2}{(2n-1)\pi}\cos(2n-1)\omega_1 t
\end{aligned}
\tag{1.116}
$$

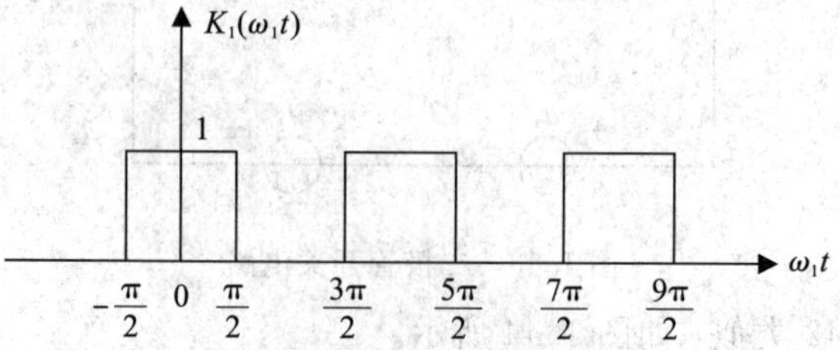

图 1.45　单向开关函数

利用开关函数,二极管开关函数的求解就简单很多了。此时,有

$$g(t)=g_{\mathrm{D}}K_1(\omega_1 t) \tag{1.117}$$

$$I_0(t)=g_{\mathrm{D}}K_1(\omega_1 t)u_1 \tag{1.118}$$

因此,有

$$i=I_0(t)+g(t)u_2=g_{\mathrm{D}}(u_1+u_2)K_1(\omega_1 t) \tag{1.119}$$

当 $u_1=U_{1\mathrm{m}}\cos\omega_1 t$, $u_2=U_{2\mathrm{m}}\cos\omega_2 t$ 时,由式(1.119)可知,此时得到的组合频率分量为

$$\omega=|\pm(2n-1)\omega_1\pm\omega_2| \tag{1.120}$$

与线性时变工作状态相比,偶数倍 ω_1 不见了,无用项减少为原来的一半。

除了单向开关函数外,还有双向开关函数,用 $K_2(\omega_1 t)$ 表示。双向开关函数是一个幅值为 ±1 的周期性方波,如图 1.46 所示,同样受 u_1 信号控制。

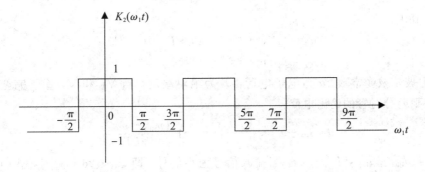

图 1.46　双向开关函数

用傅里叶级数展开后,双向开关函数 $K_2(\omega_1 t)$ 可以表示为

$$K_2(\omega_1 t)=\frac{4}{\pi}\cos\omega_1 t-\frac{4}{3\pi}\cos3\omega_1 t+\frac{4}{5\pi}\cos5\omega_1 t-\cdots \tag{1.121}$$

$$=\sum_{n=1}^{\infty}(-1)^{n-1}\frac{4}{(2n-1)\pi}\cos(2n-1)\omega_1 t$$

开关函数具有以下性质:

$$K_1(\omega_1 t)+K_1(\omega_1 t-\pi)=1 \tag{1.122}$$

$$K_1(\omega_1 t)-K_1(\omega_1 t-\pi)=K_2(\omega_1 t) \tag{1.123}$$

5. 双曲函数分析法

由前述分析可知,通过频率变换实现两个信号的相乘时,总会出现其他无用的频率分量,而电路中又希望只出现两个信号的相乘,模拟相乘器就能实现这一功能。假设 u_1 和 u_2 是两个输入信号,则模拟相乘器的理想输出特性为

$$u_{\mathrm{o}}=Ku_1u_2 \tag{1.124}$$

式中,K 为模拟乘法器的增益系数,单位为 1/V。模拟相乘器的符号如图 1.47 所示。

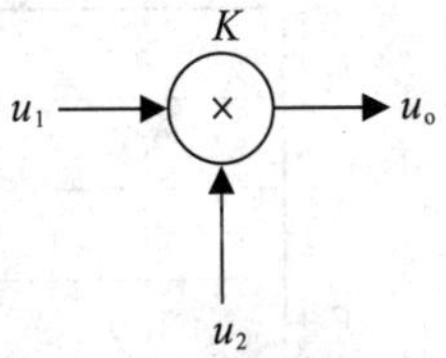

图 1.47　模拟相乘器的电路符号

实现模拟相乘器的方法有很多,目前在高频电路中应用最广泛的是四象限变跨导式模拟相乘器,其内部电路结构依据在差分放大电路的基础上对恒流源电流加以控制的原理构成。差分对管电路结构如图 1.48 所示。

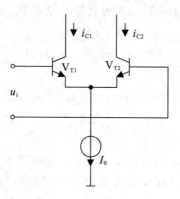

图 1.48　差分对管电路结构

图 1.48 中：

$$i_{C1} = I_{S1}(e^{u_{BE1} q/(kT)} - 1) \approx I_{S1} e^{u_{BE1} q/(kT)} \tag{1.125}$$

$$i_{C2} = I_{S2}(e^{u_{BE2} q/(kT)} - 1) \approx I_{S2} e^{u_{BE2} q/(kT)} \tag{1.126}$$

式中，k 为玻尔兹曼常数，q 为电子电荷，T 为绝对温度，当 V_{T1} 和 V_{T2} 管子完全对称时，$I_{S1} = I_{S2}$，则差分对管的输出电流：

$$i = i_{C1} - i_{C2} \approx i_{E1} - i_{E2} = I_0 \mathrm{th} \frac{(u_{BE1} - u_{BE2})}{2kT} \tag{1.127}$$

设 $u_i = u_{BE1} - u_{BE2} = U_m \cos\omega t$，当输入信号为小信号，即 $U_m \ll 26$ mV 时，式（1.127）可写成

$$i \approx (u_{BE1} - u_{BE2}) \frac{I_0 q}{2kT} \tag{1.128}$$

i 与输入的差分信号 $u_i = u_{BE1} - u_{BE2}$ 成线性关系。

当输入信号较大，即 $U_m \geqslant 260$ mV 时，有

$$i = I_0 \mathrm{th}\left(\frac{q U_m}{2kT}\cos\omega t\right) = I_0 \mathrm{th}\left(\frac{x}{2}\cos\omega t\right) \tag{1.129}$$

式（1.129）的傅里叶级数展开式为

$$i = I_{1m}\cos\omega t + I_{3m}\cos 3\omega t + I_{5m}\cos 5\omega t + \cdots \tag{1.130}$$

i 近似于一个双向开关函数，式中系数 I_{nm} 可查表 1.3 得到。

表 1.3　I_{nm}/I_0 与 x 的关系

x	I_{1m}/I_0	I_{3m}/I_0	I_{5m}/I_0
0.0	0.0000	0.0000	0.0000
0.5	0.1231	—	—
1.0	0.2356	−0.0046	—
1.5	0.3305	−0.0136	—
2.0	0.4058	−0.0271	—
2.5	0.4631	−0.0435	0.0026
3.0	0.5054	−0.0611	0.0097

续表

x	I_{1m}/I_0	I_{3m}/I_0	I_{5m}/I_0
4.0	0.5586	—	—
5.0	0.5877	-0.1214	0.0355
7.0	0.6112	-0.1571	0.0575
10.0	0.6257	-0.1827	0.0831
∞	0.6366	-0.2122	0.1273

因此可得出结论：当输入信号为小信号时，该差分对管电路工作在线性放大状态；当输入信号为大信号时，该差分对管电路近似为限幅电路。无论在哪种工作状态下，若电流 I_0 是一个受控源，如受到电压 u_r 控制，满足：

$$I_0 = A + Bu_r \tag{1.131}$$

就能实现线性增益控制和相乘功能。

1.10　课程主要内容安排

本课程主要讨论通信电子线路的基本组成结构、工作原理、性能特点、分析方法等，内容主要分为三类：

第一类是实现功率放大功能的电路。这类电路可以将直流电源所提供的直流功率转换为交流的输出功率，并使得输出信号大于输入信号，如第 2 章的射频放大器电路。

第二类是实现振荡功能的电路。这类电路能够在无激励时产生具有一定幅度和频率的正弦振荡信号，如第 3 章的正弦波振荡器电路。

第三类是实现波形变换和频率变换的电路。这类电路输出与输入不同频谱和波形的信号。属于这类电路的有第 4 章的振幅调制、解调与混频电路，第 5 章的角度调制与解调电路，第 6 章的锁相环电路。

本课程中所涉及的电路结构均是无线通信系统中发射机和接收机中的单元电路。

此外，在本课程的学习中，要重视实验课程的开展，通过实践来积累对常用通信电子线路与系统的分析、设计和应用能力，可以采用 CAD 等软件进行辅助分析和设计，从而为后续课程的学习及今后的实际工作打下扎实的基础。

本 章 小 结

本章介绍了通信电子线路的系统组成，接收机和发射机的工作原理，LC 谐振回路的工作原理（包括谐振条件、谐振特性、谐振曲线以及在电路中的作用）和非线性器件的特性等，目的是使学生对通信电子线路中各基本功能电路的组成、工作原理、性能特点和基本分析方法等有初步的了解。

习　　题

1-1　请画出无线通信系统的组成框图，并写出各部分的功能。

1-2　什么叫调制？为什么在无线通信系统中要进行调制？

1-3　已知 LC 并联谐振回路，谐振频率 $f_0=5$ MHz，电容 $C=50$ nF，谐振电阻 $R_0=$ 100 Ω。试计算空载品质因数 Q_0 和电感 L。若信号源的电流幅值 $I_{Sm}=0.1$ mA，回路两端的电压 U_0 以及流过电容和电感支路的电流 I_{C0}、I_{L0} 分别为多少？

1-4　通信系统中选频网络的作用是什么？

1-5　已知 LC 串联谐振回路如图 1.49 所示，信号源 U_S 的频率为 1 MHz，电压幅度 $U_{Sm}=0.1$ V，电容 $C=100$ pF，当 AB 端发生短路时，该 LC 电路发生谐振，且电容 C 两端的电压为 10 V。若在 AB 之间串接一个容性负载 Z_x，则当电容 C 变成 200 pF 时电路重新发生谐振，此时电容两端的电压为 2.5 V。试计算电感 L、空载品质因数 Q_0、有载品质因数 Q_L、通频带 $B_{0.7}$ 以及负载 Z_x 的值。

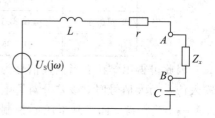

图 1.49　题 1-5 图

1-6　在图 1.50 中，电感 $L=0.8$ μH，电容 $C_1=20$ pF，$C_S=10$ pF，信号源内阻 $R_S=20$ kΩ，负载 $R_L=5$ kΩ，空载品质因数 $Q_0=100$。设负载 R_L 和内阻 R_S 实现了阻抗匹配，问电容 C_2 的取值是多少？试计算谐振频率 f_0、谐振电阻 R_0、有载品质因数 Q_L 和通频带 $B_{0.7}$ 的值。

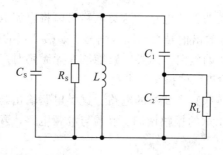

图 1.50　题 1-6 图

1-7　已知某 LC 并联谐振回路如图 1.51 所示，谐振频率 $f_0=10.7$ MHz，电容 $C_1=C_2=15$ pF，空载品质因数 $Q_0=100$，阻抗 $R_L=100$ kΩ，信号源内阻 $R_{in}=4$ kΩ，信号源电容 $C_{in}=1$ pF。若 R_L 和 R_{in} 实现了阻抗匹配，试计算 N_1/N_2、电感 L、谐振电阻 R_0、有载品质因数 Q_L 和通频带 $B_{0.7}$ 的值。

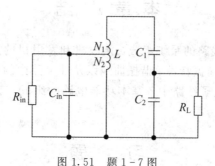

图 1.51　题 1-7 图

1-8　试证明图 1.52 中，$\dfrac{\left|Z_{ab}\right|}{\left|Z_{bc}\right|} = \dfrac{L_1^2}{(L_1+L_2)^2} = n^2$。

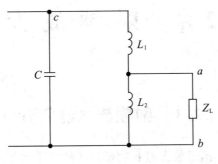

图 1.52　题 1-8 图

*1-9　某 T 型匹配网络如图 1.53 所示，负载 $R_L = 100\ \Omega$，$Q_1 = 3\left(Q_1 = \dfrac{X_{L1}}{R_L}\right)$，谐振频率 $f = 60$ MHz，匹配电阻 $R_1 = 200\ \Omega$。试计算电容 C_1、C_2 和电感 L_1 的值。

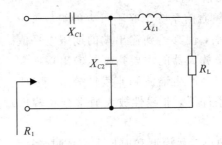

图 1.53　题 1-9 图

第2章 射频放大器

2.1 射频放大器简介

　　射频放大器包括射频小信号放大器和射频功率放大器。当射频无线信号到达接收天线时，通过匹配网络将其输入到射频小信号放大器的输入端。匹配网络通过匹配天线阻抗和射频放大器的输入阻抗来实现接收信号的最大功率传输。射频小信号放大器的作用是放大来自天线的微弱信号，再送到后级电路进行处理。输入输出阻抗、增益、带宽、噪声系数是小信号放大器的主要性能指标。

　　射频功率放大器是射频通信系统中必不可少的组成部分，它的功能是在给定频带的输入端增加信号的功率电平，使其达到输出端的期望电平值。与射频小信号放大器的技术指标不同的是，射频功率放大器的主要指标是输出功率和工作效率。由于晶体管工作在非线性区域，功率放大器会产生谐波和非线性分量，因此，射频功率放大器是非线性电路系统，在大信号工作条件下，非线性放大通常会对输出端造成不利影响，导致输出波形失真。

　　本章首先介绍晶体管的小信号模型和射频小信号调谐放大器，然后介绍射频功率放大器。在本书中，除非特别说明，我们将所有的调谐放大器称为射频放大器。

2.2 小信号调谐放大器

　　小信号调谐放大器是带通放大器，具有频率选择和信号放大功能，可以用于接收机前端对小信号进行放大，或者在混频器输出端对混频输出的中频信号进行放大。小信号调谐放大器的幅频特性曲线如图 2.1 所示。

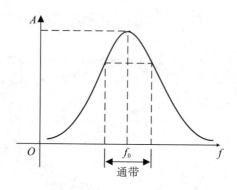

图 2.1　小信号调谐放大器的幅频特性曲线

可以看出,在给定输入下,输出幅度峰值在中心频率 f_0 处最大。根据定义,输出信号幅度从最大值下降到最大值的 0.707 倍或者比最大值减小 3 dB 时所对应的频带宽度,称为放大器的通频带宽,也称为 -3 dB 带宽。

2.2.1　晶体管模型

晶体管模型的主要功能是预测和模拟特定工作条件下的器件行为,它是电路仿真分析与设计的基础,在普遍使用计算机进行电路辅助设计的今天,构建精确的器件模型能够提高电路设计效率,缩短电子系统产品的研发周期。双极结型晶体管(BJT)在高频小信号条件下的特性与低频情况有很大不同,这主要是由于晶体管内部的分布参数效应引起的。小信号交流响应可以用两种模型来描述:Y 参数等效电路与混合 π 参数等效电路。Y 参数等效电路通过等效电路和一组数学关系式表示晶体管的行为,而混合 π 参数等效电路的拓扑结构反映了晶体管内部的物理结构,每个元件和数值都有较明确的物理意义。晶体管模型的精度越高,对晶体管在电路中性能的预测越准确。

1. BJT 的 Y 参数等效电路

图 2.2 所示是 BJT 及其 Y 参数等效电路。假设输入电压为 u_1,输入电流为 i_1,输出电压为 u_2,输出电流为 i_2,输入电流源 $y_r u_2$ 是输出集电极-发射极电压的函数,输出电流源 $y_f u_1$ 是输入基极电压的函数,输入电导为 y_i,输出电导为 y_o,参数 y_i、y_r、y_f 和 y_o 是 BJT 的 Y 参数。

Y 参数模型

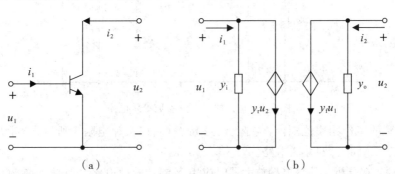

（a）　　　　　　　　　　　（b）

图 2.2　BJT 及其 Y 参数等效电路

在有源模式下可利用下面公式描述器件特性:

$$\begin{cases} i_1 = y_{11}u_1 + y_{12}u_2 \\ i_2 = y_{21}u_1 + y_{22}u_2 \end{cases} \tag{2.1}$$

在式(2.1)中,系数或 Y 参数定义为

$y_{11} = y_i = \dfrac{i_1}{u_1}\Big|_{u_2=0}$：输出短路时的输入导纳;

$y_{12} = y_r = \dfrac{i_1}{u_2}\Big|_{u_1=0}$：输入短路时的反向转移导纳;

$y_{21} = y_f = \dfrac{i_2}{u_1}\Big|_{u_2=0}$：输出短路时的正向转移导纳;

$y_{22} = y_o = \dfrac{i_2}{u_2}\Big|_{u_1=0}$：输入短路时的输出导纳;

根据式(2.1)，可以得到如图 2.2(b)所示的等效电路。对于共发射极电路，$i_1 = i_b$，$u_1 = u_{be}$，$i_2 = i_c$，$u_2 = u_{ce}$，Y 参数是 y_{ie}、y_{re}、y_{fe} 和 y_{oe}。对于共基极放大器，$i_1 = i_e$，$u_1 = u_{eb}$，$i_2 = i_c$，$u_2 = u_{cb}$，Y 参数是 y_{ib}、y_{rb}、y_{fb}、y_{ob}。对于共集电极电路，$i_1 = i_b$，$u_1 = u_{be}$，$i_2 = i_e$，$u_2 = u_{ec}$，Y 参数是 y_{ic}、y_{rc}、y_{fc}、y_{oc}。

2. BJT 的混合 π 参数等效电路

在高频情况下，晶体管的混合 π 参数等效电路如图 2.3 所示。当晶体管工作在放大状态时，发射结正偏，发射结电阻 $r_{b'e}$ 较小。从晶体管的 H 参数等效模型可以得到

$$r_{b'e} = \frac{26\beta_0}{I_{EQ}} \tag{2.2}$$

其中，β_0 是共发射极晶体管的低频电流放大倍数，而 I_{EQ} 是晶体管的发射极静态电流。基极扩展电阻和基极电阻 $r_{bb'}$ 通常为几十欧姆。集电极电阻为 $r_{b'c}$，输出集电极-发射极电阻为 r_{ce}。由于集电极的反向偏置，电阻 $r_{b'c}$ 非常高。发射极结电容为 $C_{b'e}$，集电极结电容为 $C_{b'c}$，与 $C_{b'e}$ 相比较小。集电极和发射极之间的电容为 C_{ce}。线性电流源 $g_m u_{b'e}$ 是基极输入电压 $u_{b'e}$ 的函数。$g_m = I_{EQ}/U_T$ 是晶体管的跨导，其中 U_T 是电压温度当量(在 27℃ 时 $U_T \approx$ 26 mV)。跨导 g_m 反映了晶体管的放大能力。

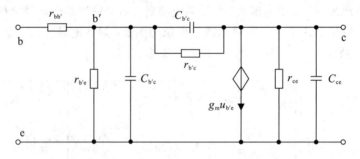

图 2.3 BJT 的混合 π 参数等效电路

在晶体管的工作频率范围内，电阻 $r_{b'c}$ 远高于 $C_{b'c}$ 的交流电阻。所以在实际中可以单独使用 $C_{b'c}$ 代替 $C_{b'c}$ 和 $r_{b'c}$ 的并联电路。

一般来说，在分析小信号谐振放大器时应用 Y 参数等效电路。但是 Y 参数不是恒定的，而是随频率发生变化的。实际上，在实验室中，Y 参数的精确测量是十分困难的。Y 参数等效电路不能明确解释晶体管内部的物理过程。因此，在分析电路的工作原理时使用混合 π 参数等效电路较多。混合 π 参数等效电路采用集总元件(如 RC)来分析，晶体管中的物理过程很清楚。一旦知道混合 π 参数等效电路的参数，我们就可以通过以下公式得到 Y 参数：

$$y_{ie} \approx \frac{g_{b'e} + j\omega C_{b'e}}{1 + r_{bb'}(g_{b'e} + j\omega C_{b'e})} \tag{2.3}$$

$$y_{re} \approx \frac{-j\omega C_{b'c}}{1 + r_{bb'}(g_{b'e} + j\omega C_{b'e})} \tag{2.4}$$

$$y_{fe} \approx \frac{g_m}{1 + r_{bb'}(g_{b'e} + j\omega C_{b'e})} \tag{2.5}$$

$$y_{oe} \approx \frac{j\omega C_{b'c} I_{bb'} g_m}{1 + r_{bb'}(g_{b'e} + j\omega C_{b'e})} + j\omega C_{b'c} \tag{2.6}$$

3. 晶体管的高频特性

BJT 具有两个 PN 结，即发射结和集电结。BJT 中载流子的运动包括以下步骤：电子从发射极释放出来进入具有少量电子的基极区域，并与基极少量空穴复合。大多数电子通过基极区域并到达集电极，集电极区域的电子在施加的电压下进入外部电路并形成集电极电流。当晶体管工作在低频时，可以忽略 PN 结电容的影响。当在较高频率时，PN 结电容显著影响载流子的运动，信号的幅度将减小，集电极电流放大倍数 β 随着频率的增加而降低。当 β 值等于 β_0 时，截止频率 f_β 定义为 $(1/\sqrt{2})\beta_0$。β 和 β_0 之间的关系是

$$|\beta| = \frac{\beta_0}{\sqrt{1+\left(\dfrac{f}{f_\beta}\right)^2}} \tag{2.7}$$

β 值减小到 1 时的特征频率为 f_T，f_T 和 f_β 之间的关系是

$$f_T = f_\beta \sqrt{\beta_0^2 - 1} \tag{2.8}$$

当 $\beta_0 \gg 1$ 时，$f_T \approx \beta_0 f_\beta$。

当 $\beta_0 \gg 1$，$f \gg f_\beta$ 时，β 与 f 之间满足：

$$|\beta| = \frac{\beta_0}{\sqrt{1+\left(\dfrac{f}{f_\beta}\right)^2}} \approx \frac{\dfrac{f_T}{f_\beta}}{\sqrt{1+\left(\dfrac{f}{f_\beta}\right)^2}} \approx \frac{\dfrac{f_T}{f_\beta}}{\dfrac{f}{f_\beta}} = \frac{f_T}{f} \tag{2.9}$$

如果频率持续上升到 f_{max}，则晶体管的功率增益会降低到 1。f_{max} 是晶体管的最大频率，其计算式为

$$f_{max} \approx \frac{1}{2\pi} \sqrt{\frac{g_m}{4 r_{bb'} C_{b'e} C_{b'c}}} \tag{2.10}$$

其中，g_m 是 BJT 的跨导，$r_{bb'}$ 是基区的电阻，$C_{b'e}$ 是发射结电容，$C_{b'c}$ 是集电结电容。

在设计电路时，可以选择特征频率 f_T 为工作频率 f 的 3～5 倍的 BJT，即

$$f_T = (3 \sim 5)f \tag{2.11}$$

BJT 的频率特性曲线如图 2.4 所示。

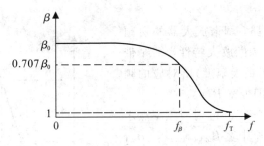

图 2.4　BJT 的频率特性

例 2.1 一个双极结型晶体管(BJT)的 f_T 是 500 MHz，$\beta_0 = 100$，请计算频率 f 分别在 2 MHz、20 MHz、200 MHz 时的 β。

解 由于 $\beta_0 = 100 > 1$，根据式(2.8)，截止频率 f_β 为

$$f_\beta \approx \frac{f_T}{\beta_0} = \frac{500}{100} = 5 \text{ MHz}$$

（1）当 $f=2$ MHz 时，β 值为

$$|\beta|=\frac{\beta_0}{\sqrt{1+\left(\frac{f}{f_\beta}\right)^2}}=\frac{100}{\sqrt{1+\left(\frac{2}{5}\right)^2}}\approx92.8$$

$$\beta\approx\frac{f_\mathrm{T}}{f}=\frac{500}{200}=2.5$$

实际上与 f_β 相比，2 MHz 是低频。所以 $\beta\approx\beta_0=100$，相对偏差为 7.4%。

（2）当 $f=20$ MHz 时，β 值为

$$|\beta|=\frac{\beta_0}{\sqrt{1+\left(\frac{f}{f_\beta}\right)^2}}=\frac{100}{\sqrt{1+\left(\frac{20}{5}\right)^2}}\approx24.3$$

（3）当 $f=200$ MHz$\gg f_\beta$ 时，β 值为

$$\beta\approx\frac{f_\mathrm{T}}{f}=\frac{500}{200}=2.5$$

由上述计算可以看出，β 值随着频率的增加而减小。

2.2.2　小信号放大器的性能

下面介绍小信号放大器的主要参数。

1. 增益

增益是放大器的输出电压（或功率）与输入电压（或功率）之间的比值，其典型单位为 dB。增益可写成

$$A_\mathrm{u}=20\lg\frac{u_\mathrm{o}}{u_\mathrm{i}} \tag{2.12}$$

$$A_\mathrm{p}=10\lg\frac{P_\mathrm{o}}{P_\mathrm{i}} \tag{2.13}$$

在中心频率或通带边缘频率处的较大增益受到高度关注，因为它避免了多级放大。放大器增益由晶体管、带宽、匹配网络和工作稳定性决定。

2. 带宽

类似于并联谐振电路，调谐放大器的通频带如图 2.5 所示。如果考虑放大特性，则频带边缘位于 $0.7\,A_\mathrm{u0}$（A_u0 指最大幅度）所对应的频率点，相应的频率间隔即带宽 $B_{0.7}$。

同样地，可通过两个 $0.1\,A_\mathrm{u0}$ 对应频率点之间的频率间隔定义另一个带宽 $B_{0.1}$。显然，$B_{0.1}$ 比 $B_{0.7}$ 宽。带宽反映了放大器的选择性，带宽较小表现出了较好的选择性。

通过对放大器的放大倍数进行进一步处理，我们可以将归一化增益写为

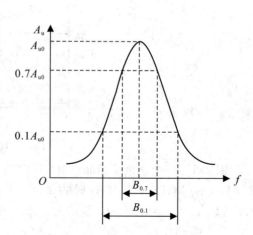

图 2.5　调谐放大器的幅频曲线

$$\frac{A_u}{A_0} = \frac{1}{\sqrt{1 + \left(\frac{2Q_L \Delta f_{0.7}}{f_0}\right)^2}} \tag{2.14}$$

其中，Q_L 是谐振电路负载的品质因数，$2\Delta f_{0.7}$ 是带宽 $B_{0.7}$，f_0 是放大器的中心频率。在式 (2.14) 中，当 $\frac{A_u}{A_0} = \frac{1}{\sqrt{2}}$ 时，可以得到

$$2\Delta f_{0.7} = \frac{f_0}{Q_L} \tag{2.15}$$

3. 矩形系数

如前所述，放大器的选择可以用矩形系数来描述，如

$$K_{r0.1} = \frac{2\Delta f_{0.1}}{2\Delta f_{0.7}} \tag{2.16}$$

其中，$2\Delta f_{0.1}$ 是带宽 $B_{0.1}$。可以看出，$K_{r0.1} > 1$。

将 $\frac{A_u}{A_0} = 0.1$ 代入式 (2.14)，得出

$$2\Delta f_{0.1} = \sqrt{10^2 - 1}\frac{f_0}{Q_L} \tag{2.17}$$

进而可以计算出：

$$K_{r0.1} = \frac{2\Delta f_{0.1}}{2\Delta f_{0.7}} = \sqrt{10^2 - 1} \approx 9.95 \tag{2.18}$$

该结果表明单调谐放大器的矩形系数远大于 1，说明选择性较差。

2.2.3　小信号调谐放大器

单调谐放大器如图 2.6 所示。该电路由共发射极晶体管及并联谐振电路组成。图 2.6 中，R_1、R_2 和 R_e 是偏置电阻，C_e 是发射极旁路电容，输入信号 u_i 从晶体管基极输入，晶体管集电极输出输出信号 u_o。

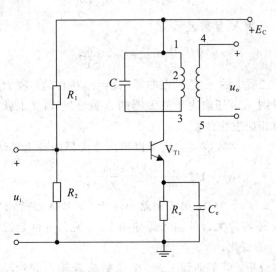

图 2.6　单调谐放大器

1. 调谐放大器的等效电路和简化电路

图 2.7 是图 2.6 的等效电路图。在图 2.7 中，晶体管 V_{T1} 通过 Y 参数等效电路表示，信号源由 I_S 和 Y_S 代替，变压器负载 y_{ie2} 是下一级放大器的输入导纳。

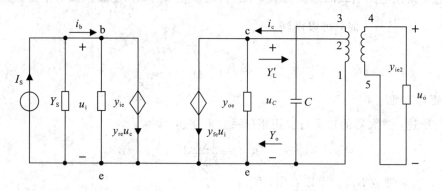

图 2.7　单调谐放大器的等效电路

假设从 c 和 e 之间查看谐振电路，其等效负载导纳为 Y'_L。当 Y'_L 和 I_S 与晶体管连接时，可以根据晶体管的内部特性得出如下关系：

$$i_b = y_{ie} u_i + y_{re} u_c \tag{2.19}$$

$$i_c = y_{fe} u_i + y_{oe} u_c \tag{2.20}$$

其中，i_c 由外部负载决定，具有下述形式：

$$i_c = -Y'_L u_C \tag{2.21}$$

由式(2.20)和式(2.21)，通过消除 i_c，得到

$$u_c = -\frac{y_{fe}}{y_{oe} + Y'_L} u_i \tag{2.22}$$

将式(2.22)代入式(2.19)可以得出

$$i_b = y_{ie} u_i + y_{re} \left(-\frac{y_{fe}}{y_{oe} + Y'_L} u_i \right) \tag{2.23}$$

放大器的输入导纳可用 Y 参数表示：

$$Y_i = \frac{i_b}{u_i} = y_{ie} - \frac{y_{fe} y_{re}}{y_{oe} + Y'_L} \tag{2.24}$$

式(2.24)表明，第二项中的 y_{re} 总是以非零（$y_{fe} \neq 0$）存在的。放大器的输入导纳 Y_i 不仅取决于晶体管的输入导纳 y_{ie}，还取决于放大器的负载导纳 Y'_L。也就是说，当负载导纳 Y'_L 变化时，输入导纳 Y_i 也相应发生改变。

由式 (2.19)、式(2.20)和式(2.21)也可以得出放大器的输出导纳：

$$Y_o = \frac{i_c}{u_C} = y_{oe} - \frac{y_{fe} y_{re}}{y_{ie} + Y_S} \tag{2.25}$$

式(2.25)表示，只要 y_{re} 不为 0，第二项就不等于 0。放大器的输出导纳 Y_o 不仅与晶体管的输出导纳 y_{oe} 有关，还与放大器的输入源导纳 Y_S 有关。也就是说，输入源导纳 Y_S 可以影响放大器输出导纳 Y_o 的变化。

为了简化放大器的分析，我们假设 $y_{re} = 0$，这意味着输出端对晶体管的输入端没有影响，等效电路只是输出部分，如图 2.8 所示。假设具有输入导纳 y_{ie2} 的晶体管 V_{T2} 第二级放

大器与具有输入导纳 y_{ie1} 的晶体管 V_{T1} 第一级放大器相同。当通过两个晶体管时，集电极电流相等，$y_{ie1} = y_{ie2} = y_{ie}$。

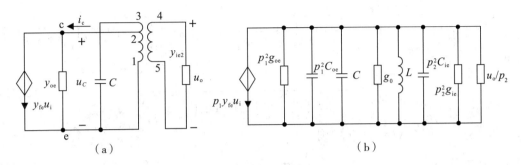

（a）　　　　　　　　　　　　　　　　（b）

图 2.8　单调谐放大器的简化等效电路图

假设两个晶体管 V_{T1} 和 V_{T2} 相同，线圈电感的电感为 L，工作频率下的品质因素为 Q_0。谐振电导的计算式为

$$g_0 = \frac{1}{\omega_0 L Q_0} \tag{2.26}$$

晶体管的输入导纳和输出导纳可以视为电阻和电容相并联，表达式可以写成 $y_{ie} = g_{ie} + j\omega C_{ie}$ 和 $y_{oe} = g_{oe} + j\omega C_{oe}$。变压器左侧线圈的接入系数为 $p_1 = N_{12}/N_{13}$，变压器右侧线圈的接入系数为 $p_2 = N_{45}/N_{13}$。根据图 2.7 中的简化等效电路，我们可以分析放大器的技术指标。

2. 放大器的技术指标计算

1）电压增益 A_u

根据图 2.7 和电压增益的定义，总导纳 Y_{Σ} 可以写为

$$Y_{\Sigma} = g_{\Sigma} + j\omega C_{\Sigma} + \frac{1}{j\omega L} \tag{2.27}$$

式中，$g_{\Sigma} = p_1^2 g_{oe} + g_0 + p_2^2 g_{ie}$，$C_{\Sigma} = p_1^2 C_{oe} + C + p_2^2 C_{ie}$。等效电路中包含并联导纳 Y_{Σ} 和受控电流源 $p_1 y_{fe} u_i$，用来提供电压：

$$\frac{u_o}{p_2} = \frac{p_1 y_{fe} u_i}{Y_{\Sigma}} = -\frac{p_1 y_{fe} u_i}{g_{\Sigma} + j\omega C_{\Sigma} + \dfrac{1}{j\omega L}} \tag{2.28}$$

得到

$$A_u = \frac{u_o}{u_i} = -\frac{p_1 p_2 y_{fe}}{g_{\Sigma} + j\omega C_{\Sigma} + \dfrac{1}{j\omega L}} \tag{2.29}$$

对于放大器，谐振频率为 $\omega_0 = \dfrac{1}{\sqrt{LC_{\Sigma}}}$（$\omega_0 C_{\Sigma} = \dfrac{1}{\omega_0 L}$），那么，电路谐振时的增益为

$$A_{u0} = -\frac{p_1 p_2 y_{fe}}{g_{\Sigma}} \tag{2.30}$$

其中，负号表示输出电压与输入电压反相。经进一步分析，可以发现 y_{fe} 是一个复数，相位为 φ_{fe}。当频率非常低时，$\varphi_{fe} = 0$ 表示输出和输入电压相位相反（相位差为 180°）。在其他情况下，输出和输入不是精确的 180° 相位差。

2) 谐振曲线

谐振曲线描述了放大器相对电压增益与输入频率之间的关系。由式（2.29)可以得出

$$A_u = -\frac{p_1 p_2 y_{fe}}{g_\Sigma\left[1+\frac{1}{g_\Sigma}\left(j\omega C_\Sigma+\frac{1}{j\omega L}\right)\right]} = \frac{A_{u0}}{1+j\frac{1}{\omega_0 L g_\Sigma}\left(\omega C_\Sigma \omega_0 L-\frac{\omega_0 L}{\omega L}\right)} = \frac{A_{u0}}{1+jQ_L\left(\frac{\omega}{\omega_0}-\frac{\omega_0}{\omega}\right)}$$

因此

$$\frac{A_u}{A_{u0}} = \frac{1}{1+jQ_L\left(\frac{\omega}{\omega_0}-\frac{\omega_0}{\omega}\right)} = \frac{1}{1+jQ_L\left(\frac{f}{f_0}-\frac{f_0}{f}\right)} \tag{2.31}$$

当 $f \approx f_0$ 时，设 $\Delta f = f-f_0$，则

$$\frac{A_u}{A_{u0}} = \frac{1}{1+jQ_L\frac{2\Delta f}{f_0}} \tag{2.32}$$

其中，Δf 称为失谐频率。

定义 $\xi = Q_L\frac{2\Delta f}{f_0}$ 为广义失谐因子。将 ξ 代入式(2.32)，则相对电压增益为

$$\frac{A_u}{A_{u0}} = \frac{1}{1+j\xi} \tag{2.33}$$

相对增益的幅值是

$$\left|\frac{A_u}{A_{u0}}\right| = \frac{1}{\sqrt{1+\xi^2}} \tag{2.34}$$

3) 带宽和矩形系数

根据式(2.34)，如果设置 $\xi=1$，则 -3 dB 带宽或 $2\Delta f_{0.7}$ 类似于式(2.15)。将 $2\Delta f_{0.7}$ 的表达式和式(2.17)代入式(2.18)，计算得出单调谐放大器的矩形系数约为 9.95，这个值远大于 1，说明单调谐放大器的选择性并不好。

例 2.2　小信号调谐放大器的交流等效电路如图 2.9 所示。谐振频率 $f_0=5$ MHz，带宽 $B_{0.7}=100$ kHz，谐振电压增益 $A_{u0}=80$。在工作频率下测试的 Y 参数为：$y_{ie}=(1.8+j0.6)$mS，$y_{re}\approx 0$，$y_{fe}=(15-j8)$mS，$y_{oe}=(30+j40)\mu$S。部分接入系数 $p_1=N_{12}/N_{13}=0.75$，$p_2=N_{45}/N_{13}=0.8$，空载品质因素 Q_0 等于 100。请计算 L 和 C 的值，并计算外部电阻 R 的值。

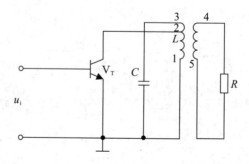

图 2.9　小信号调谐放大器的交流等效电路

解　从图 2.9 中可以看出，L 部分连接到晶体管的集电极。L 和变压器的接入系数分别为 $p_1=N_{12}/N_{13}=0.75$，$p_2=N_{45}/N_{13}=0.8$。

根据式(2.30)，可得谐振时的电压增益为

$$|A_{u0}| = \frac{|p_1 p_2 y_{fe}|}{g_\Sigma} \Rightarrow g_\Sigma = \frac{|p_1 p_2 y_{fe}|}{A_{u0}} = \frac{0.75 \times 0.8 \times \sqrt{15^2 + 8^2}}{100}$$

$$= 0.102 \text{ mS} = 1.02 \times 10^{-4} \text{S}$$

有载品质因数为

$$Q_L = \frac{f_0}{B_{0.7}} = \frac{5 \times 10^6}{100 \times 10^3} = 50$$

根据总电导公式，电感 L 满足：

$$g_\Sigma = \frac{1}{Q_L \omega_0 L} \Rightarrow L = \frac{1}{Q_L \omega_0 g_\Sigma} = \frac{1}{50 \times 2\pi \times 5 \times 10^6 \times 1.02 \times 10^{-4}} \approx 6.24 \text{ } \mu\text{H}$$

根据 LC 并联谐振电路的计算公式，我们可以得到

$$C = \frac{1}{4\pi^2 f_0^2 L} = \frac{1}{4\pi^2 \times 25 \times 10^{12} \times 6.24 \times 10^{-6}} \approx 162.5 \text{ pF}$$

并联 R 满足：

$$g_\Sigma = \frac{1}{Q_0 \omega_0 L} + \frac{p_2^2}{R} + p_1^2 g_{oe}$$

因此有

$$\frac{1}{R} = \frac{1}{0.8^2} \times \left(1.02 \times 10^{-4} - \frac{1}{100 \times 2\pi \times 5 \times 10^6 \times 6.24 \times 10^{-6}} - 0.75^2 \times 30 \times 10^{-6}\right)$$

$$= 0.53 \times 10^{-4} \text{ s}$$

得

$$R = 18.8 \text{ k}\Omega$$

3. 多级单调谐放大器

多级单调谐放大器由几个单调谐放大器组成。这种结构可以获得更高的增益和更好的性能。

1）电压增益

假设有 n 级放大器的增益为 $A_{u1}, A_{u2}, \cdots, A_{un}$，则放大器的总增益应该是每个单级增益的乘积，可以表示为

$$A_n = A_{u1} \cdot A_{u2} \cdot \cdots \cdot A_{un} \tag{2.35}$$

如果增益的单位为 dB，则总增益为所有各级增益的总和：

$$A_n(\text{dB}) = A_{u1}(\text{dB}) + A_{u2}(\text{dB}) + \cdots + A_{un}(\text{dB}) \tag{2.36}$$

2）谐振曲线

如果有 n 级相同放大器相串联，第 $n-1$ 级的输出为第 n 级放大器的输入，则总的谐振曲线表达式为各个谐振曲线公式的乘积：

$$\left|\frac{A_{un}}{A_{u0}}\right| = \frac{1}{\left[1 + \left(Q_L \frac{2\Delta f}{f_0}\right)^2\right]^{\frac{n}{2}}} \tag{2.37}$$

3）带宽

根据方程(2.37)，n 级放大器的总带宽为

$$(B_{0.7})_n = (2\Delta f_{0.7})_n = \sqrt{2^{\frac{1}{n}} - 1} \frac{f_0}{Q_L} \tag{2.38}$$

当 $n > 1$ 时，方程 $\sqrt{2^{1/n} - 1} < 1$。n 级放大器的总带宽比单谐振放大器窄。

4) 矩形系数

在式(2.37)中，如果设置 $A_{un}/A_{u0} = 0.1$，那么可以得到 n 级放大器的矩形系数为

$$(K_{r0.1})_n = \frac{\sqrt{100^{\frac{1}{n}} - 1}}{\sqrt{2^{\frac{1}{n}} - 1}} \tag{2.39}$$

式(2.39)表明，当 n 变大时，$K_{r0.1}$ 变小。

2.2.4　小信号放大器的稳定性

在实际情况下，反向传输导纳 y_{re} 不为零。当晶体管连接在电路中时，存在内部反馈。这意味着放大器的部分输出电压将被反馈到输入端。这将导致晶体管输入电流发生变化和工作不稳定。在电路系统中，反馈可能导致自激振荡，稳定系数需要满足一定的要求，以确保放大器工作在稳定状态。

如上所述，y_{re} 不为 0，BJT 是双向器件。通过消除内部反馈或采用单向器件，可以提高放大器的稳定性。提高放大器电路稳定性的方法有两种：一种是中和方法，另一种是失配方法。

中和方法通过采用外部反馈回路来补偿晶体管的内部反馈电路。失配法通过降低放大器的电压增益来满足电路的稳定性条件。最常用的做法是两个单级放大器级联，先共发射极，后共基极，这种电路也称为"共射-共基"放大器。

2.2.5　低噪声可变增益宽带放大器

近年来，大规模集成电路(LSIC)得到了显著发展。谐振放大器可以由集成电路宽带放大器和集总滤波器(如陶瓷滤波器和表面声波滤波器(SAWF))来实现。

制造商开发了许多类型的宽带放大器。在本节中我们将介绍由 Analog Devices（AD）公司制造的低噪声 90 MHz 可变增益放大器 AD603。

1. AD603 的特点

AD603 是一个线性增益可控制、引脚可编程、宽带可变的增益放大器。它可用于 RF 放大器、中频(IF)放大器、视频增益控制或信号测量。

- 带宽为 90 MHz 时增益可变范围为 $-11 \sim +31$ dB。
- 带宽为 9 MHz 时增益可变范围为 $9 \sim 51$ dB。
- 中间增益范围为 $-1 \sim +41$ dB，带宽为 30 MHz。
- 输入噪声频谱密度为 1.3 nV/$\sqrt{Hz}$。
- 典型增益精度为 ± 0.5 dB。
- 输入电阻为 100 Ω、频率小于 10 MHz 时的输出阻抗为 2 Ω。
- 压摆率为 275 V/μs。

2. AD603 的工作原理

AD603 是用于 RF 和 IF AGC 系统的低噪声、压控放大器，工作在 ± 5 V 电源时的功耗为 125 mW。图 2.10 是 AD603 的内部结构图。

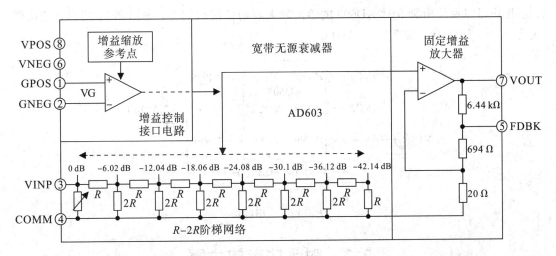

图 2.10　AD603 的内部结构图

AD603 由固定增益放大器、0~42.14 dB 的宽带无源衰减器和 40 dB/V 的增益控制接口电路组成。固定增益放大器通过在引脚 5 和引脚 7 之间连接一个外部电阻来调节增益，使增益在 31.07 dB 至 50 dB 之间变化。在引脚 5 和引脚 4 之间的连接电阻可以获得更高的增益，但输出失调电压的增加限制了最大增益只能到 60 dB。对于任何给定的范围，带宽与电压控制增益无关。在各种情况下，该系统的增益在 10 dB 整数倍的基础上有 1.07 dB 的浮动。例如，在最大带宽模式(引脚 5 和引脚 7 连接)下，总增益范围为 $-11.07 \sim +31.07$ dB。

增益控制电压在高阻抗(50 MΩ)和低偏置(200 nA)时采用差分输入。增益控制比例为 25 mV/dB。对于 40 dB 增益的变化范围，增益控制响应时间小于 1 μs。

AD603 可以驱动低至 100 Ω 的负载阻抗。对于 500 Ω 电阻和 5 pF 电容并联的容性负载，±1 V 正弦输出的总谐波失真在 10 MHz 时的典型值是 -60 dBc，500 Ω 负载上输出的最小峰值电压为 ±2.5 V。

3. AD603 的增益控制接口

衰减量通过差分高阻抗(50 MΩ)输入进行控制，其比例因子通过激光微调至每伏特 40 dB，即 25 mV/dB。当差分输入电压 $U_G = 0$ V 时，衰减器滑块居中，提供 21.07 dB 的衰减。对于最大带宽范围，总增益为 10 dB(-21.07 dB $+31.07$ dB)。当控制输入为 -500 mV 时，增益降低 20 dB(0.500 V×40 dB/V)，为 -10 dB。当输入为 $+500$ mV 时，增益提高 20 dB，达到 $+30$ dB。当该接口在任一方向上过载时，增益分别接近 -11.07 dB(-42.14 dB $+31.07$ dB)或 31.07 dB($0+31.07$ dB)。对增益控制电压的唯一约束是增益控制接口必须保持在共模范围($-1.2\sim+2.0$ V，假设为 $+5$ V 电源)。因此，AD603 的基本增益为

$$\text{Gain (dB)} = 40U_G + 10 \tag{2.40}$$

其中，U_G 的单位为伏特。由于控制电压 U_G 的范围为 $-500\sim500$ mV，因此当 AD603 的增益变化范围分别为 0~40 dB 和 10~50 dB 时，增益计算公式分别为

$$\text{Gain(dB)} = \begin{cases} 40U_G + 20 & (0\sim40\text{ dB}) \\ 40\,U_G + 30 & (10\sim50\text{ dB}) \end{cases} \tag{2.41}$$

用户可以使用引脚 5 对 AD603 的输出放大器增益进行编程，如图 2.11 所示，默认模式为－10～＋30 dB，带宽为 90 MHz。

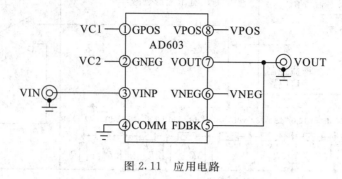

图 2.11 应用电路

2.3 射频功率放大器

射频功率放大器(RFPA)是无线通信系统发射机中的关键模块，它是无线收发器功率消耗最大的模块。为了降低功耗或者延长电池的使用寿命，需要研究如何提高功率放大器的工作效率。由于小信号放大器的输出功率和效率均不适用于工作在大信号状态，因此，在通信系统中需要采用工作在大信号状态的功率放大技术。

功率放大器
原理及指标

射频功率放大器是一种能量转换器，它通过控制小功率输入信号将直流电源的能量转换为大功率射频能量输出。现代通信系统中，为了保证信号的不失真传输，负载端信号的波形和频谱应与输入信号相同。也就是说，射频功率放大器需要有较好的线性度指标。

射频功率放大器的框图如图 2.12 所示。它由 BJT、MOSFET 或 MESFET、输入匹配网络(IMN)、输出匹配网络(OMN)和 RFC 扼流圈等组成。OMN 具有诸如阻抗变换和匹配、谐波抑制和滤波等功能。

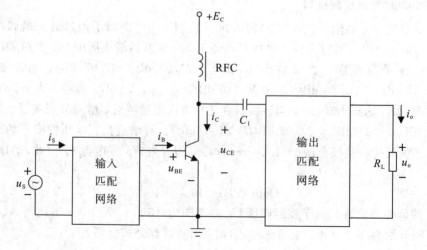

图 2.12 RF 功率放大器的框图

　　在射频功率放大器中，晶体管可以作为电流源或开关器件工作。传统的 A、AB、B、C 类功放的晶体管工作在电流源模式，D 类和 E 类功率放大器的晶体管则工作在开关模式，所以理论的理想效率为 100%。

　　从图 2.12 中可以看出，当 BJT 作为电流源时，集电极电流波形由晶体管的基极电流振幅和 Q 点（或静态工作点）决定。集电极的输出电压波形由输出谐振网络和阻抗匹配电路共同决定。当晶体管工作在开关状态时，若晶体管导通为 ON 状态，则集电极与发射极之间的电压为 0，集电极电流由外部电路决定；若晶体管截止为 OFF 状态，则集电极电流为零，集电极与发射极之间的电压由外部电路的状态决定。

2.3.1　射频功率放大器的性能指标

　　输出功率、功率增益和效率是功率放大器的主要性能指标。在功率放大器中，P_{out} 是功放正常工作时晶体管集电极的输出功率。当输出匹配网络 f_0 的谐振频率等于 f 时，P_{out} 由下式给出：

$$P_{out} = \frac{1}{2} U_m I_m = \frac{1}{2} I_m^2 R_c = \frac{1}{2} \frac{U_m^2}{R_c} \tag{2.42}$$

其中，R_c 是晶体管集电极的等效电阻，U_m 是集电极输出电压的幅度，I_m 是集电极输出电流的幅度。

　　P_L 是负载得到的功率：

$$P_L = \frac{1}{2} \frac{U_m^2}{R_L} \tag{2.43}$$

那么，输出匹配网络消耗的功率为

$$P_N = P_{out} - P_L \tag{2.44}$$

　　输入功率 P_{in} 是输入信号在一个周期内晶体管发射结获得的功率：

$$P_{in} = \frac{1}{2\pi} \int_0^{2\pi} i_B u_{BE} \, d(\omega t) \tag{2.45}$$

　　功率放大器的功率增益 G_p 为输出功率与输入功率之间的比值：

$$G_p = \frac{P_{out}}{P_{in}} \tag{2.46}$$

　　由于由功率放大器处理的信号的动态范围很宽，因此实际使用中采用对数表示更加方便。假设以 1 mW 作为参考，功率电平与 1 mW 进行比较，以分贝表示，即以 dBm 表示：

$$P_{dBm} = 10 \cdot \lg\left(\frac{P_{mW}}{1 \text{ mW}}\right) = 10 \cdot \lg P_W + 30 \text{ dBm}$$

$$P_W = 10^{\frac{P_{dBm}}{10} - 3} \text{ (W)} \tag{2.47}$$

　　类似地，采用对数表示的功率增益为

$$G_{dB} = 10 \cdot \lg G_p = P_{out, dBm} - P_{in, dBm} \text{ (dB)} \tag{2.48}$$

　　从能量的角度分析，无论实际应用如何，功放都是将直流电源的能量转换为射频功率输出的组件。功率放大器直流电源提供的功率为

$$P_{DC} = E_C I_o \tag{2.49}$$

其中，E_C 是电源电压，I_o 是输出电流的直流分量。

功率转换的有效性通常由放大器的效率 η_c 来确定。η_c 定义为集电极输出的射频功率和电源所提供的直流功率之间的比例:

$$\eta_c = \frac{P_{out}}{P_{DC}} = \frac{\frac{1}{2} U_m I_m}{E_C I_o} = \frac{1}{2} \frac{U_m}{E_C} \frac{I_m}{I_o} = \frac{1}{2} \xi \gamma \tag{2.50}$$

其中,$\xi = U_m / E_C$,是集电极电压的利用系数;$\gamma = I_m / I_o$,是集电极电流的利用系数。在基于场效应管或双极晶体管的固态功放的情况下,效率通常是指漏极效率(η_d)或集电极效率(η_c)。

集电极功耗为

$$P_c = \frac{1}{2\pi} \int_0^{2\pi} i_C u_{CE} \mathrm{d}(\omega t) = P_{DC} - P_{out} \tag{2.51}$$

随着工作频率的增加,功放功率增益由于其有效分量的减少而降低,对输出功率的贡献直接来自于输入功率。输入功率成为功放总输出功率的一部分。因此,我们将功放输出功率与输入功率之差定义为

$$P_{add} = P_{out} - P_{in} \tag{2.52}$$

功率附加效率(用 PAE 或 η_{add} 表示)定义为增加功率与电源所提供的直流功率之间的比值,这是功放的重要指标之一。其计算式为

$$PAE = \eta_{add} = \frac{P_{add}}{P_{DC}} = \frac{P_{out} - P_{in}}{P_{DC}} = \frac{P_{out} \cdot \left(1 - \frac{1}{G_p}\right)}{P_{DC}} = \eta \cdot \left(1 - \frac{1}{G_p}\right) \tag{2.53}$$

其中,G_p 是功放的功率增益。

例 2.3 已知射频功率放大器 $P_{out} = 12$ W,$P_{DC} = 18$ W 和 $P_{in} = 1$ W。计算集电极效率、PAE 和功率增益。

解 功率放大器的集电极效率是

$$\eta_c = \frac{P_{out}}{P_{DC}} = \frac{12}{18} = 66.7\%$$

功率附加效率是

$$PAE = \frac{P_{out} - P_{in}}{P_{DC}} = \frac{12 - 1}{18} = 61.1\%$$

功率增益是

$$G_p = \frac{P_{out}}{P_{in}} = \frac{12}{1} = 12 = 10\lg 12 \approx 10.8 \text{ dB}$$

2.3.2 功率放大器的分类

功率放大器通常根据其工作类别进行分类。当晶体管作为电流源工作时,射频功率放大器的分类取决于集电极电流的导通角 2θ。对于功率管基极的正弦输入电流 i_B,各种工作状态 BJT 的电流波形 i_C 如图 2.13 所示。

对于 A 类,导通角 2θ 为 2π。基极–发射极电压必须始终高于 BJT 的阈值电压 U_{th}。因此,BJT 在整个周期内工作。静态电流 I_{CQ} 必须大于集电极上交流分量 I_m 的幅度。由于静态时集电极电流较高,因此 A 类功放的效率不超过 50%。

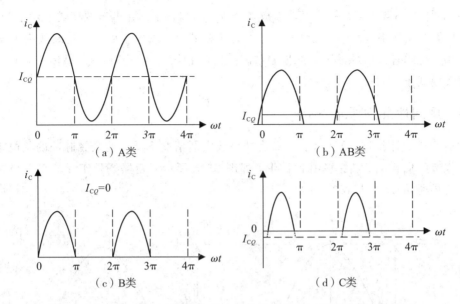

图 2.13　各种工作模式下集电极电流 i_C 的波形

对于 AB 类,导通角 2θ 在 π 和 2π 之间。基极-发射极电压略高于 BJT 的阈值电压 U_{th},并且 BJT 偏置在较小的静态电流 I_{CQ}。晶体管的导通时间超过了半个周期,但比 A 类模式的导通时间少,故 AB 类功放的效率高于 A 类功放。

对于 B 类,导通角 2θ 为 π。基极-发射极电压等于 BJT 的阈值电压 U_{th}。静态电流 I_{CQ} 为 0。因此,BJT 只导通了半个周期。B 类功放的最高效率为 78.5%。

对于 C 类,导通角 2θ 小于 π。集电极电流 i_C 的导通时间小于半个周期。由于发射结的偏置电压低于阈值电压 U_{th}(即反向偏置),因此静态时晶体管处于截止状态,静态电流 I_{CQ} 为 0,C 类功放的集电极电流 i_C 是一系列周期性的余弦脉冲。

各类放大器的静态工作点如图 2.14 所示。

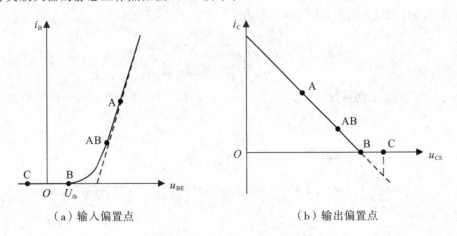

图 2.14　各类放大器的静态工作点

A 类、AB 类和 B 类功率放大器通常用于音频和其他射频应用,而 C 类功放通常用于射频功率放大器。

在 A 类、AB 类、B 类和 C 类功率放大器中，晶体管工作在电流源模式。对于 D 类、E 类和 DE 类射频功率放大器，晶体管工作在开关模式，所以效率更高。在高效率 F 类功率放大器中，晶体管输出端采用谐波控制与阻抗匹配相结合的电路网络，晶体管工作在电流源和开关模式下。

2.3.3 周期性余弦脉冲分析

如前所述，图 2.13(d)显示了在 C 类功率放大器情况下周期性余弦脉冲的集电极电流波形。本节我们详细分析余弦脉冲波形，如图 2.15 所示。粗黑线是实际的集电极输出电流波形。导通角 2θ 小于 $180°$。

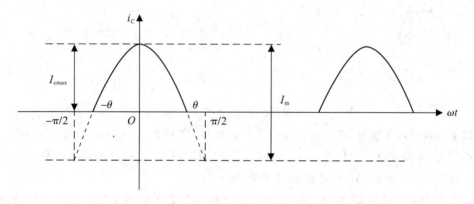

图 2.15　余弦脉冲波形

图 2.15 中的周期性余弦脉冲时域波形可以表示为

$$i_C = \begin{cases} I_m\cos\omega t - I_m\cos\theta & (-\theta < \omega t \leqslant \theta) \\ 0 & (\theta < \omega t \leqslant 2\pi-\theta) \end{cases} \tag{2.54}$$

$$I_{cmax} = I_m(1-\cos\theta) \tag{2.55}$$

由式(2.54)和式(2.55)，i_C 可以表示为

$$i_C = \begin{cases} I_{cmax}\dfrac{\cos\omega t - \cos\theta}{1-\cos\theta} & (-\theta \leqslant \omega t \leqslant \theta) \\ 0 & (\theta < \omega t \leqslant 2\pi-\theta) \end{cases} \tag{2.56}$$

余弦波形是 ωt 的偶函数，满足 $i_C(-\omega t) = i_C(\omega t)$。波形可以通过傅里叶级数展开：

$$i_C(\omega t) = I_{cmax}\left[\alpha_0 + \sum_{n=1}^{\infty}\alpha_n\cos n\omega t\right] \tag{2.57}$$

余弦脉冲电流的直流分量可以通过下面公式得到：

$$I_{c0} = \frac{1}{2\pi}\int_{-\theta}^{\theta}i_C\mathrm{d}(\omega t) = \frac{1}{\pi}\int_0^{\theta}i_C\mathrm{d}(\omega t) = \frac{I_{cmax}}{\pi}\int_0^{\theta}\frac{\cos\omega t-\cos\theta}{1-\cos\theta}\mathrm{d}(\omega t) \tag{2.58}$$

$$= I_{cmax}\frac{\sin\theta-\theta\cos\theta}{\pi(1-\cos\theta)} = \alpha_0 I_{cmax}$$

其中：

$$\alpha_0 = \frac{I_{c0}}{I_{cmax}} = \frac{\sin\theta-\theta\cos\theta}{\pi(1-\cos\theta)} \tag{2.59}$$

电流的基波分量的振幅为

$$I_{c1m} = \frac{1}{\pi} \int_{-\theta}^{\theta} i_C \cos(\omega t) d(\omega t) = \frac{2}{\pi} \int_0^{\theta} i_C \cos(\omega t) d(\omega t)$$

$$= \frac{2 I_{cmax}}{\pi} \int_0^{\theta} \frac{\cos\omega t - \cos\theta}{1 - \cos\theta} \cos(\omega t) d(\omega t) \qquad (2.60)$$

$$= I_{cmax} \frac{\theta - \sin\theta\cos\theta}{\pi(1 - \cos\theta)} = \alpha_1 I_{cmax}$$

其中：

$$\alpha_1 = \frac{I_{c1m}}{I_{cmax}} = \frac{\theta - \sin\theta\cos\theta}{\pi(1 - \cos\theta)} \qquad (2.61)$$

电流的 n 次谐波的振幅为

$$I_{cnm} = \frac{1}{\pi} \int_{-\theta}^{\theta} i_C \cos(n\omega t) d(\omega t) = \frac{2}{\pi} \int_0^{\theta} i_C \cos(n\omega t) d(\omega t)$$

$$= \frac{2 I_{cmax}}{\pi} \int_0^{\theta} \frac{\cos\omega t - \cos\theta}{1 - \cos\theta} \cos(n\omega t) d(\omega t) \qquad (2.62)$$

$$= I_{cmax} \frac{2}{\pi} \frac{\sin n\theta\cos\theta - n\sin\theta\cos n\theta}{n(n^2 - 1)(1 - \cos\theta)} = \alpha_n I_{cmax}$$

其中：

$$\alpha_n = \frac{I_{cnm}}{I_{cmax}} = \frac{2}{\pi} \frac{\sin n\theta\cos\theta - n\sin\theta\cos n\theta}{n(n^2 - 1)(1 - \cos\theta)} \quad (n = 2, 3, 4, \cdots) \qquad (2.63)$$

基波分量的振幅与电流的直流分量之比称为电流利用系数，用 γ_1 表示为

$$\gamma_1 = \frac{I_{c1m}}{I_{c0}} = \frac{\alpha_1 I_{cmax}}{\alpha_0 I_{cmax}} = \frac{\alpha_1}{\alpha_0} = \frac{\theta - \sin\theta\cos\theta}{\sin\theta - \theta\cos\theta} \qquad (2.64)$$

由式(2.56)和式(2.58)，我们可以得到

$$i_C = I_{c0} \frac{\pi(\cos\omega t - \cos\theta)}{\sin\theta - \theta\cos\theta} \quad (-\theta \leqslant \omega t \leqslant \theta) \qquad (2.65)$$

傅里叶系数 α_n 和电流利用系数 γ_1 是关于电流的导通角 θ 的函数，如图 2.16 所示。

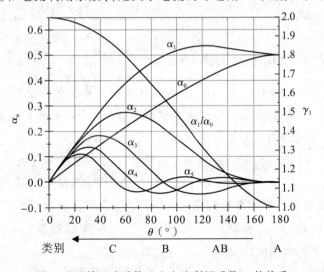

图 2.16　傅里叶系数 α_n 和电流利用系数 γ_1 的关系

表 2.1 给出了余弦脉冲波形的分解系数。表 2.1 中的数据与图 2.16 所示的曲线一致。

表 2.1　余弦脉冲波形的分解系数

θ	α_0	α_1	γ_1	θ	α_0	α_1	γ_1
5°	0.0185	0.0370	1.9985	95°	0.3340	0.5109	1.5297
10°	0.0370	0.0738	1.9939	100°	0.3493	0.5197	1.4880
15°	0.0555	0.1102	1.9863	105°	0.3642	0.5266	1.4460
20°	0.0739	0.1461	1.9758	110°	0.3786	0.5316	1.4040
25°	0.0923	0.1811	1.9623	115°	0.3926	0.5348	1.3623
30°	0.1106	0.2152	1.9460	120°	0.4060	0.5363	1.3210
35°	0.1288	0.2482	1.9269	125°	0.4188	0.5364	1.2806
40°	0.1469	0.2799	1.9051	130°	0.4310	0.5350	1.2413
45°	0.1649	0.3102	1.8808	135°	0.4425	0.5326	1.2035
50°	0.1828	0.3388	1.8540	140°	0.4532	0.5292	1.1675
55°	0.2005	0.3658	1.8249	145°	0.4631	0.5250	1.1337
60°	0.2180	0.3910	1.7936	150°	0.4720	0.5204	1.1025
65°	0.2353	0.4143	1.7604	155°	0.4800	0.5157	1.0744
70°	0.2524	0.4356	1.7253	160°	0.4868	0.5110	1.0498
75°	0.2693	0.4548	1.6886	165°	0.4923	0.5068	1.0294
80°	0.2860	0.4720	1.6505	170°	0.4965	0.5033	1.0137
85°	0.3023	0.4870	1.6112	175°	0.4991	0.5009	1.0036
90°	0.3183	0.5000	1.5708	180°	0.5000	0.5000	1.0000

2.3.4　射频调谐 C 类功率放大器

C 类功率放大器的导通角小于 90°，晶体管的集电极输出电流波形是一系列周期性的峰值余弦脉冲。为了在负载上获得完整的余弦电压波形，应在晶体管的集电极和负载之间使用谐振网络或选频滤波器，也称为功率放大器的输出匹配网络，其不仅用于阻抗变换，还用于将基波信号不失真地传输到负载端。虽然晶体管集电极的电流波形少于半个周期，但由于为谐振电路，因此电压波形是整个余弦波形。图 2.17 是 C 类功率放大器的原理图。图中，E_c 和 E_B 分别是集电极和基极的偏置电压；C_1、C_2 和高频扼流圈 RFC 组成 π 型去耦电路，以防止射频信号进入直流电源 $+E_C$；电容 C_B 为电源 E_B 提供高频旁路通路；谐振在基波频率点的 LC 谐振电路确保负载 R_L 上得到基波信号。

由于 C 类功率放大器通常输入大信号并工作在非线性状态，因此通常采用图形法进行分析。为了在保持物理意义的同时简化晶体管的非线性特性分析，接下来将讨论晶体管的分段线性近似技术。

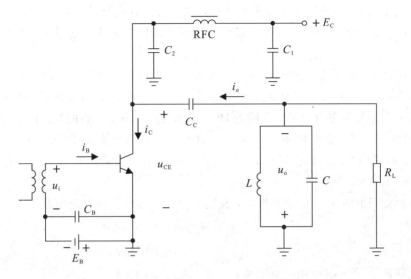

图 2.17　C 类功率放大器的原理图

1. 分段线性近似技术

分段线性是指在一定范围内，将一段弯曲的非线性曲线近似用一段直线来代替的处理方法。这种分析方法可以在保持精度的前提下简化非线性电路的分析。图 2.18 所示为分段线性近似技术用于晶体管的输入和输出特性分析。

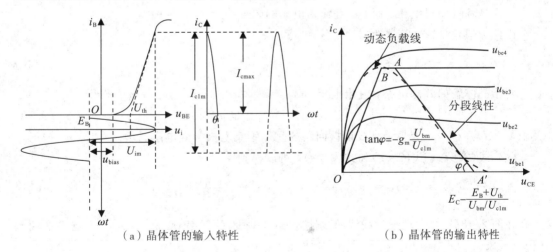

（a）晶体管的输入特性　　　　　　　　　（b）晶体管的输出特性

图 2.18　晶体管的分段线性近似

基极电流 i_B 响应 u_{BE} 的功能近似为图 2.18(a) 中的两段折线。在大信号操作模式下，与这两个依赖关系相对应的波形在大多数情况下几乎相同。晶体管的截止区域导致显著的非线性失真，仅用于开关模式。事实上，对于前两个输出电流分量，直流和基波可以通过傅里叶级数展开，以足够的精度来计算。因此，这种分段线性近似技术可以有效地快速估计线性功率放大器的输出功率和效率。

图 2.18(a)中的左上图给出了晶体管的实际输入特性曲线，基极电流 i_B 与发射结电压 u_{BE} 之间是非线性关系。在大信号输入情况下，可以用虚直线对特性曲线的非线性部分进行分段线性化处理，PN 结工作于开关模式。这样，与输入电压 u_i 对应的输出电流 i_C 的波形如图 2.18(a)右上部分所示。这种分段线性近似可以快速有效地估算功率放大器的输出功率和效率。

图 2.18(b)中的虚线是射频谐振功率放大器的动态负载线(DLL)。动态负载线是由信号周期内的电流 i_C 和电压 u_{CE} 决定的工作点的动态轨迹。该 DLL 由晶体管特性和外部电路共同决定。由于晶体管的非线性，实际的 DLL 不是直线，而是一条曲线。由于分析实际的 DLL 非常困难，因此工程上常用线段进行近似处理。类似于图 2.18(a)，DLL 可以用图 2.18(b)所示的直线近似。该直线是 $i_C \sim f(u_{be}, u_{CE})$，它与低频晶体管输出特性曲线 $i_C \sim f(i_B, u_{CE})$ 不同。

为了得到余弦脉冲 i_C 的数学表达式，我们采用上述的分段线性近似技术进行分析：

$$i_C = \begin{cases} g_m(u_{BE} - U_{th}) & (u_{BE} \geqslant U_{th}) \\ 0 & (u_{BE} < U_{th}) \end{cases} \tag{2.66}$$

其中，g_m 是晶体管跨导，U_{th} 是阈值电压。

输入包括直流偏置电压和交流输入信号。这里假设交流信号为余弦形式，则输入为

$$u_{BE} = -E_B + U_{bm}\cos\omega t \tag{2.67}$$

当输入 $u_{BE}(\omega t)$ 等于阈值电压 U_{th} 时，输出电流 $i_C(\omega t)$ 为 0(此时定义导通角 $\omega t = \theta$)，可得

$$U_{th} = -E_B + U_{bm}\cos\theta \tag{2.68}$$

其中，E_B 是基极偏置电压，而 U_{bm} 是输入电压的幅度。

因此导通角 θ 的计算式为

$$\cos\theta = \frac{E_B + U_{th}}{U_{bm}} \tag{2.69}$$

对于晶体管的外部电路，输出电压为

$$u_{CE} = E_C - u_o(t) = E_C - U_{clm}\cos\omega t \tag{2.70}$$

其中，$u_o(t) = i_C r_c$，r_c 是含有 LC 谐振回路的晶体管集电极等效电阻。

联合式(2.67)、式(2.68)和式(2.70)，可以得到

$$i_C = -g_m \frac{U_{bm}}{U_{clm}}\left[u_{CE} - \left(E_C - \frac{E_B + U_{th}}{U_{bm}/U_{clm}}\right)\right] \tag{2.71}$$

在图 2.18(b)中，动态负载线的线性区域(AA'段)的斜率 $\tan\varphi = -g_m \dfrac{U_{bm}}{U_{clm}}$ 与水平轴截距 $E_C - \dfrac{E_B + U_{th}}{U_{bm}/U_{clm}}$ 相关。动态负载线的饱和区域部分将在后面讨论。

在图 2.18(a)中，集电极电流波形 i_C 可以表示为

$$i_C = I_{clm}(\cos\omega t - \cos\theta) \tag{2.72}$$

当 $\omega t = 0$ 时，$i_C = I_{max}$，则

$$I_{cmax} = I_{clm}(1 - \cos\theta) \tag{2.73}$$

这样，集电极电流 i_C 可以写为式(2.56)的形式。

2. C 类功率放大器的工作原理

C 类功率放大器的工作原理可以用图 2.19 进行解释。在晶体管的线性区域，随着余弦输入信号电压上升(QA')，PN 结电压 u_{BE} 开始增加。一旦晶体管导通，晶体管的动态工作点将沿着动态负载线的 $A'-B$ 段上升，输出电流 i_C 也随之增加。

如果输入电压 u_{BE} 的最大值低于图 2.19 中的 u_{BE3}（如 u_{BE2} 处的 A 点），则晶体管保持工作在线性区域并且尚未进入饱和状态，集电极输出电流波形为顶部完整的余弦峰值脉冲，此时晶体管的集电极输出电压基波分量的幅度值为 U_{c1mA}，相对电源电压 E_C 显得"不足"，该状态称为欠压状态。所以，欠压状态的输出电压 u_{CE} 相对较低，余弦脉冲波形没有失真。

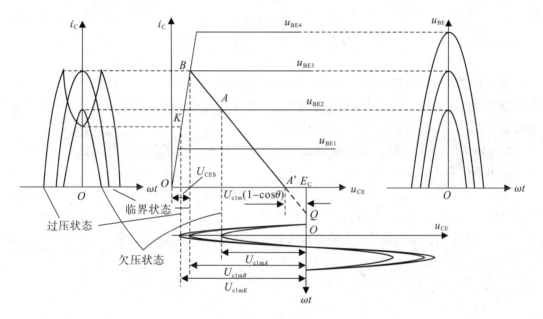

图 2.19　C 类功率放大器的工作原理

当输入信号增加时，集电极电流 i_C 沿动态负载线的线性部分 $A'B$ 随之增加，u_{CE} 的振幅也增加，但其最小值 U_{CEmin} 变小。当输入电压 u_{BE} 减小到使晶体管截止，从而集电极电流为零时，如果负载为纯电阻，输出电压波形峰值将变平。相反，我们知道电感和电容可以在每个周期内存储和转换能量。因此，由于负载中 LC 谐振回路的存在，可以选出集电极电流脉冲分量中的基波成分而抑制其他高次谐波分量，这样，输出电压就为完整的余弦波形。在图 2.19 中，可以给出最大值：

$$u_{CEmax} = E_C + U_{c1m} \tag{2.74}$$

输出基波电压的最大振幅为

$$U_{c1m} = E_C - U_{CES} \tag{2.75}$$

U_{CES} 是晶体管集电极和发射极之间的饱和压降，对于功率晶体管，这个值通常小于 1 V。如果晶体管是理想的，饱和时 $U_{CES} = 0$，则功放输出的最大可能值为 $2E_C$。

如果输入 u_{BE} 增加，并且动态工作点从 A 点移动到 B 点，则晶体管达到线性状态的边界。B 点称为临界状态。此时，集电极电流波形仍然是顶部没有失真的余弦波脉冲，输出

电压 u_{CE} 可以下降为晶体管的集电极-发射极饱和电压 U_{CES}，即 $u_{Cemin}=U_{CES}$。动态负载线 $A'AB$ 的斜率的倒数是 C 类功率放大器的动态或有效电阻：

$$R'_c=\frac{U_{clm}(1-\cos\theta)}{I_{cmax}}=\frac{I_{clm}R_c(1-\cos\theta)}{I_{cmax}}=\alpha_1(\theta)R_c(1-\cos\theta) \tag{2.76}$$

其中，R_c 是由式(2.77)给出的等效集电极谐振负载电阻：

$$R_c=\frac{U_{clm}}{I_{clm}}=\frac{E_C-U_{CES}}{\alpha_1(\theta)I_{cmax}}=\frac{1}{2}\frac{U_{clm}^2}{P_{out}}=\frac{(E_C-U_{CES})^2}{2P_{out}} \tag{2.77}$$

如果输入电压进一步升高，则晶体管饱和。当晶体管进入饱和区时，电压 u_{CE} 低于 U_{CES}。与基极相比，集电极吸引电子的能力减弱，集电极电流开始迅速下降。动态工作点 B 朝着 K 点移动。所得到的 i_C 波形在每个峰值上具有漏斗状凹陷，该状态的集电极输出电压大于临界状态输出电压，称为过电压状态。

1）放大器特性

对于 C 类功率放大器，当输入激励电压 U_{bm} 较小时，晶体管工作在线性（或放大）区域，放大器处于欠压状态。集电极输出的电压幅度、电流幅度和输出功率随着输入电压的增加而增加。由于导通角也随之变化，因此输出信号参数的变化是非线性的。

如果输入电压 U_{bm} 增加，晶体管达到临界状态，则输出电压基波分量的振幅、电流幅度和输出功率将达到最大值。

如果输入电压 U_{bm} 进一步增加，使晶体管工作到饱和状态，功率放大器工作在过压状态，则输出电压缓慢增加，并且输出电流波形顶部出现凹陷失真，输出电流的基波分量迅速下降，导致输出功率减小。C 类功率放大器的特性分析如图 2.20 所示。

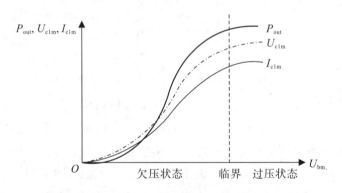

图 2.20　放大器特性

2）负载特性

假设 E_B、E_C 和 U_{bm} 是固定的，只有集电极等效负载电阻 R_c 变化，称为功率放大器的负载特性。R_c 与动态负载线斜率的倒数成正比。当 R_c 非常小时，动态负载线很陡峭，表明系统处于图 2.19 中的线性（或放大）区域。随着 R_c 增加，动态负载线 $A'AB$ 的斜率减小，A 点和 B 点越来越接近。输出电压幅度 U_{clm} 取决于 A 点和 E_C 点之间的水平间隔，随着 A 向左移动，U_{clm} 快速增加。同时，I_{clm} 和 I_{c0} 值取决于 A 点高度所对应的 i_C 值。由于点 A 沿着同一 u_{BE} 转移特性曲线移动，因此脉冲峰值 I_{cmax} 仅随着 R_c 的增加而略微下降，I_{clm} 和 I_{c0} 也以较慢的速率减小，在功率和效率分析中可以认为是不变的。因此，输出功率 $P_{out}(=U_{clm}I_{clm}/2)$ 迅速增加；因 E_C 是恒定的，故直流电源的功率 $P_{DC}(=E_C I_{c0})$ 缓慢地降低；晶体管耗散功率 $P_c(=P_{DC}-P_{out})$ 快速下降；集电极效率 $\eta_c(=P_{out}/P_{DC})$ 快速增加。上述分析的指标变化如图 2.21 所示。输出功率 P_{out} 在临界点处达到最大值。随着 R_c 进一步增加，放大器工作在过压状态，除了输出电压 U_{c1m} 之外，上述所有指标都会降低。

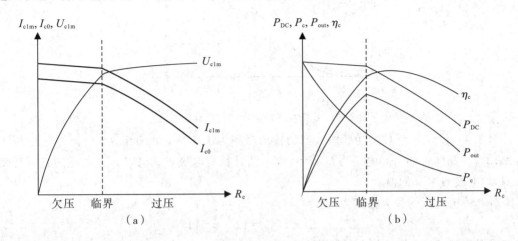

图 2.21　负载特性

3）集电极调制特性

当电源电压 E_C 增加时，动态负载线 A' 向右移动，其他一切都保持不变，如图 2.19 所示。随着 E_C 增加，晶体管工作状态从过压状态变为欠压状态。这是 C 类功率放大器的集电极调制特性的基础。输出电压和电流的变化特性如图 2.22 所示。随着晶体管开始离开过压状态，抑制 I_{c1m} 快速恢复到其最大高度，I_{c1m} 和 I_{c0} 迅速增加。U_{c1m} 是 I_{c1m} 和 R_c 的乘积，随着 E_C 的增加，U_{c1m} 也迅速增加。该特性可以通过将 E_C 与调制电压相结合来产生幅度调制信号。一旦晶体管工作点进入临界点和欠压状态之后，由于电流和电压对 E_C 变化不敏感，因此上述调制效应不明显，无法应用于振幅调制电路中。

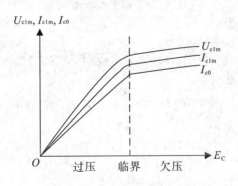

图 2.22　集电极调制特性

4）基极调制特性

C 类功率放大器的基极调制特性与放大特性类似，因为基极电源功率 E_B 与调制信号 U_{bm} 串联。外部电路特性如图 2.23 所示。在过压状态下，E_B 与调制电压串联，U_{c1m} 随 E_B 增加而增加。在欠压状态下，集电极输出电压随基极电源 E_B 的增加而增加。

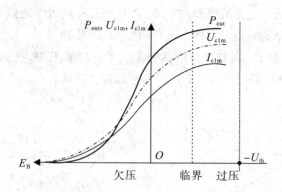

图 2.23　C 类功率放大器的基极调制特性

例 2.4　设计一个 C 类功率放大器的输出功率为 1.5 W，导通角 $\theta = 70°$，电源电压为 $E_C = 12$ V，晶体管的饱和电压为 $U_{CES} = 1$ V。请计算集电极负载电阻 R_c、消耗的直流功率 P_{DC} 和集电极效率 η_c 的值。

解　输出电压的最大幅度为

$$U_{clm} = E_C - U_{CES} = 12 - 1 = 11 \text{ V}$$

根据式(2.77)，等效集电极负载电阻为

$$R_c = \frac{U_{clm}^2}{2P_{out}} = \frac{11^2}{2 \times 1.5} = 40.3 \ \Omega$$

基波电流的幅度为

$$P_{out} = \frac{1}{2} U_{clm} I_{clm} \Rightarrow I_{clm} = \frac{2P_{out}}{U_{clm}} = \frac{2 \times 1.5}{11} = 273 \text{ mA}$$

由式(2.59)式(2.61)可得 $\alpha_0(70°)$ 和 $\alpha_1(70°)$ 分别为

$$\alpha_0(70°) = \frac{I_{c0}}{I_{cmax}} = \frac{\sin\theta - \theta\cos\theta}{\pi(1 - \cos\theta)} = 0.2524$$

$$\alpha_1(70°) = \frac{I_{clm}}{I_{cmax}} = \frac{\theta - \sin\theta\cos\theta}{\pi(1 - \cos\theta)} = 0.4356$$

集电极电流的最大值为

$$I_{cmax} = \frac{I_{clm}}{\alpha_1(70°)} = \frac{273}{0.4356} = 627 \text{ mA}$$

集电极电流的直流分量为

$$I_{c0} = \alpha_0(70°) I_{cmax} = 0.2524 \times 627 = 158 \text{ mA}$$

电源的直流功率为

$$P_{DC} = I_{c0} E_C = 0.158 \times 12 = 1.9 \text{ W}$$

集电极效率为

$$\eta_c = \frac{P_{out}}{P_{DC}} = \frac{1.5}{1.9} = 78.9\%$$

例 2.5　设计一个 C 类功率放大器，工作频率 $f = 100$ MHz，输出功率为 5 W，带宽为 5 MHz，导通角 $\theta = 60°$，电源电压 $E_C = 12$ V，晶体管的饱和电压为 $U_{CES} = 1$ V。

解　输出电压的最大幅度为

$$U_{clm} = E_C - U_{CES} = 12 - 1 = 11 \text{ V}$$

等效集电极负载电阻为

$$R_c = \frac{U_{c1m}^2}{2P_{out}} = \frac{11^2}{2 \times 5} = 12.1 \ \Omega$$

输出电流的幅度为

$$I_{c1m} = \frac{U_{c1m}}{R_c} = \frac{11}{12.1} = 0.91 \ A$$

由式(2.64)和表 2.1 中可得直流电流为

$$I_{c0} = \frac{I_{c1m}}{\gamma_1} = \frac{0.91}{1.7936} = 0.51 \ A$$

对于 $\theta = 60°$，最大集电极电流为

$$I_{cmax} = \frac{I_{c0}}{\alpha_0(60°)} = \frac{0.51}{0.218} = 2.34 \ A$$

最大集电极到发射极的电压为

$$U_{CEm} = 2E_C = 2 \times 12 = 24 \ V$$

供电直流功率为

$$P_{DC} = E_c I_{c0} = 12 \times 0.51 = 6.12 \ W$$

集电极的功耗为

$$P_c = P_{DC} - P_{out} = 6.12 - 5 = 1.12 \ W$$

集电极效率为

$$\eta_c = \frac{P_{out}}{P_{DC}} = \frac{5}{6.12} = 81.7\%$$

负载的品质因数为

$$Q_L = \frac{f}{B} = \frac{100}{5} = 20$$

谐振电路部件 L 的电抗为

$$X_L = X_C = \frac{R_c}{Q_L} = \frac{12.1}{20} = 0.61 \ \Omega$$

得到

$$L = \frac{X_L}{\omega} = \frac{0.61}{2\pi \times 100 \times 10^6} = 0.97 \ nH$$

和

$$C = \frac{1}{\omega X_C} = \frac{1}{2\pi \times 100 \times 10^6 \times 0.61} = 2.61 \ nF$$

2.3.5　偏置电路

1. 集电极偏置电路

集电极偏置电路的功能是为晶体管提供直流电源。偏置电路有两种类型：串联馈电和并联馈电，如图 2.24 所示。

图 2.24(a)是电源、负载与晶体管串联的馈电电路，馈电支路的分布参数不影响谐振回路的工作频率，可以工作于较高的频率，但作为负载的谐振回路处于直流高电位，谐振回路元件浮地，调整不方便。图 2.24(b)是电源、负载和晶体管并联的馈电电路，馈电支

路的分布参数与谐振回路和负载并联，会影响谐振频率，工作频率不宜太高。并联馈电电路的优点是负载和匹配网络的一端接地，电路比较容易调整。

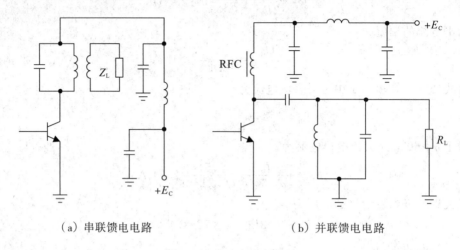

（a）串联馈电电路　　　　　　　　　（b）并联馈电电路

图 2.24　集电极偏置电路

2. 偏置电路

　　基极偏置电路的功能是为晶体管的基极提供直流偏置电压。图 2.25(a)是零偏置电路，基极由电感器直流接地，偏置电压取决于晶体管的阈值电压；图 2.25(b)所示的基极偏置电路与电容器一起工作时，基极电阻 R 的电压为晶体管提供偏置电压。在图 2.25(c)中，发射极电阻 R 的电压为晶体管提供偏置电压，通过选择适当的 R 和 C 值，u_{BE} 可以代替基极偏置电源 E_B。

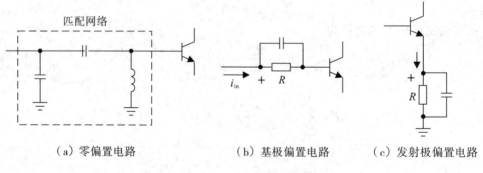

（a）零偏置电路　　　　　（b）基极偏置电路　　　　　（c）发射极偏置电路

图 2.25　基极偏置网络

本 章 小 结

　　放大器是射频通信系统和其他电子设备中不可缺少的部分。本章主要介绍了射频放大器，包括射频小信号调谐放大器和射频调谐功率放大器。射频小信号调谐放大器主要用于放大射频微弱信号，通常用在通信系统的前级；射频调谐功率放大器主要用于放大射频大信号，通常用在通信系统的后级。这两种放大器的负载均为调谐回路，可以实现选频放大。

本章首先介绍了晶体管的小信号模型和高频特性，对射频小信号调谐放大器的性能指标如电压增益、通频带、矩形系数等做了详细的分析。然后对 C 类射频调谐功率放大器的电路组成、工作原理、性能指标计算、动态特性及工作状态分析等进行了详细的讨论。通过学习，读者需要掌握射频小信号放大器和功率放大器的基本分析方法、电路设计要点以及性能指标的计算。

习　　题

2-1　请说明 f_β、f_T 和 f_{max} 的物理意义。为什么 f_{max} 最高，f_T 居中，f_β 最低？f_{max} 是否随着放大器结构的变化而改变？请分析。

2-2　对于 $f_T=250$ MHz，$\beta_0=50$ 的晶体管。请分别计算 $f=1$ MHz、20 MHz、50 MHz时的 β 值。

2-3　单个小信号谐振放大器的交流等效电路如图 2.26 所示。谐振频率 $f_0=10$ MHz，通频带 $B_{0.7}=500$ kHz，谐振电压增益 $A_{u0}=100$。在工作频率下的 Y 参数测试结果如下：

$$y_{ie}=(2+j0.5)\text{mS}, \ y_{re}\approx0, \ y_{fe}=(20-j5)\text{mS}, \ y_{oe}=(20+j40)\ \mu\text{S}$$

如果电感 L 的空载品质因数 $Q_0=60$，请计算谐振回路参数 L、C 和外部电阻 R 的值。

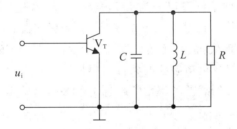

图 2.26　题 2-3 图

2-4　某单调谐放大器的单级增益 $|A_{u0}|=20$，带宽 $B=6$ kHz。如果增加一级同样的放大器，请计算总的电压增益和总的通频带宽。如果通带宽度保持 6 kHz，请计算单级放大器的电压增益 A_{u1}。

2-5　谐振功率放大器工作在临界点状态，如果等效负载电阻 R_c 突然变化，如 R_c 增加一倍或减少为原来的一半，输出功率 P_o 会如何改变？请分析原因。

2-6　一个谐振功率放大器，假设 $E_C=24$ V，$I_{c0}=250$ mA，输出功率 $P_o=5$ W，集电极电压利用系数 $\xi=1$。请计算晶体管耗散功率 P_c、集电极等效负载电阻 R_c、集电极效率 η_c 和集电极电流基波分量幅度 I_{c1m}。

2-7　谐振功率放大器工作在临界点状态。假设 $E_C=24$ V，电流导通角 $\theta=70°$，$\alpha_0(70°)=0.253$，$\alpha_1(70°)=0.436$，集电极电流脉冲最大值 $I_{cmax}=2.2$ A，集电极电压利用系数 $\xi=0.9$。请计算输出功率 P_{out}、电源功率 P_{DC}、集电极效率 η_c 和集电极等效负载电阻 R_c。

2-8　请设计一个 C 类功率放大器，在 $f=500$ MHz 和带宽为 25 MHz 时提供 1 W 的输出功率。设导通角 $\theta=45°$，电源电压 $E_C=5$ V，晶体管的饱和电压降 $U_{CES}=0.3$ V。

第3章　正弦波振荡器

3.1　概　　述

振荡器是能产生周期性振荡信号（如正弦波、方波、三角波或锯齿波等）的电子电路。与放大器一样，振荡器也是一种能量转换器，但它可以在不需要任何输入信号的情况下，将直流电源提供的能量转变成具有一定频率和一定幅度的交流信号输出。

在电子技术领域，广泛应用着各种各样的振荡器。例如，在无线电广播、电视发射机或接收机、信号源、测量仪器、计算机、医疗仪器和电子手表中，振荡器都是必不可少的组成部分。

振荡器的种类很多，根据工作原理不同可以分为反馈型振荡器和负阻型振荡器；根据所产生的波形不同可以分为正弦波振荡器和非正弦波（方波、三角波、锯齿波等）振荡器；根据选频网络所采用的器件不同可以分为 LC 振荡器、晶体振荡器和 RC 振荡器等；根据所产生信号的频率高低不同可以分为低频振荡器、高频振荡器和微波振荡器等。

随着现代电信系统和现代雷达系统的出现，我们需要在特定的载波频率点建立稳定的谐波振荡，以便为调制和混频创造必要的条件。早期载波的频率大都处于 MHz 频段的低端至中端，而现代射频系统的载波频率常常超过 1 GHz。这就需要有能够产生稳定的高频正弦波信号的特殊振荡器。

本章重点介绍高频反馈型正弦波振荡器。在讨论了产生振荡的基本原理后，我们着重介绍高频反馈型正弦波振荡器的基本电路、工作原理和性能指标，其通常所采用的选频网络为 LC 谐振回路或石英晶体，从而构成 LC 振荡器和晶体振荡器。典型的 LC 振荡器有考必兹电路、哈特莱电路、克拉泼电路和西勒电路等，典型的晶体振荡器有皮尔斯电路、密勒振荡电路和泛音晶体振荡电路等。对于微波负阻型振荡器、压控振荡器和射频集成 MOS 管振荡器的基本电路和基本原理，我们也作了简要的介绍。

3.2　反馈型振荡器的工作原理

在本节中我们将首先分析反馈型振荡器的基本工作原理，然后给出振荡的起振、平衡和稳定条件。

3.2.1　振荡器的基本原理分析

反馈型振荡器其实是从反馈型放大器演变而来的，如图 3.1 所示。

当开关 S 拨到"1"时，该电路是一个调谐放大器。调整互感 M、同名端和回路参数，使反馈信号 u_f 等于输入信号 u_i。此时，如果将开关 S 迅速拨向

振荡条件

"2"，那么集电极电路和基极电路都将保持开关 S 连接到"1"时的状态。这样，调谐放大器就变成了自激振荡器。

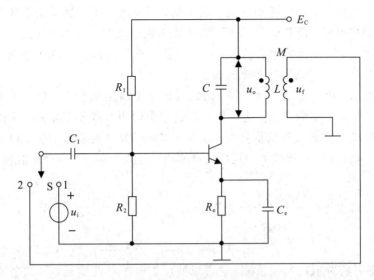

图 3.1　从调谐放大器到反馈振荡器

任何反馈型振荡器的核心其实都是一个闭合环路。为了能产生自激振荡，必须在选定的频率上产生正反馈。图 3.2 给出了反馈型振荡器的组成框图，放大器和反馈网络是反馈型振荡器的两个主要组成部分，其中"A"代表放大器的增益，"F"代表反馈网络的反馈系数。

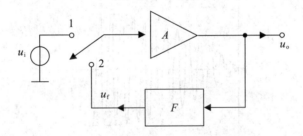

图 3.2　反馈型振荡器的组成框图

如果反馈信号 u_f 等于输入信号 u_i，则放大器可以依靠从输出端反馈回来的电压 u_f 工作，此时即使没有输入信号 u_i，放大器仍然有输出电压，这样放大器就变成了振荡器。因为

$$\dot{u}_f = \dot{F} \cdot u_o = \dot{F} \cdot \dot{A} \cdot u_i \tag{3.1}$$

所以

$$\dot{A} \cdot \dot{F} = 1 \tag{3.2}$$

3.2.2　反馈型振荡器的振荡条件

1. 起振条件

反馈型振荡器的最常见形式是一个包含正反馈的电子放大器，如晶体管放大器或运算放大器连接在一个反馈回路中，通过选频网络将其输出信号反馈到输入端以提供正反馈。

当放大器的电源接通时，不可避免地存在着的电冲击及各种电噪声为振荡开始提供了最初的激励。例如，在通电时，晶体管的电流由零突然增加，突变的电流包含很宽的频谱分量，当它们通过负载回路时，由谐振回路的性质可知，只有频率等于回路谐振频率的分量才可以产生较大的输出电压，而其他频率分量将会被滤除。该输出电压通过反馈网络后，产生较大的正反馈电压，又加到放大器的输入端，再进行放大、反馈，不断地循环下去，谐振负载上就得到了频率等于回路谐振频率的输出信号。

在振荡开始时，由于激励信号较弱，因此输出电压的振幅较小。经过不断地放大、反馈循环后，输出幅度将逐渐增大。为了使振荡过程中输出幅度不断增加，应使每次反馈回来的信号比上次输入到放大器的信号大，故振荡开始应为增幅振荡，即 A 和 F 的乘积应大于 1，振荡信号才能通过不断放大和正反馈迅速建立起来。因此，振荡的起振条件是

$$\dot{A} \cdot \dot{F} > 1 \tag{3.3}$$

这个起振条件也可分解为下面两个条件：

$$\begin{cases} AF > 1 \\ \varphi_A + \varphi_F = 2n\pi \quad (n = 0, \pm 1, \cdots) \end{cases} \tag{3.4}$$

其中，第一个条件称为振幅起振条件，它可以使反馈电压迅速增长；第二个条件称为相位起振条件，它可以保证环路中是正反馈。

振荡信号的振幅会随着起振的进行而无限增加吗？不会，由于放大器的非线性特性，放大器的线性范围是有限的。如图 3.3 所示，随着振幅的增大，放大器会由放大区进入饱和区或截止区，其增益逐渐下降，振荡信号振幅的增长过程将停止，进入等幅振荡状态。

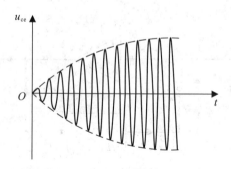

图 3.3 振荡器的起振过程

2. 平衡条件

当振荡电压 u_{ce} 自动稳定在某个值上时，平衡状态就建立了，此时反馈电压 u_f 等于输入电压 u_i，故式(3.2)即为振荡器的平衡条件，它也可以分解为两个条件：

$$\begin{cases} AF = 1 \\ \varphi_A + \varphi_F = 2n\pi \quad (n = 0, \pm 1, \cdots) \end{cases} \tag{3.5}$$

其中，第一个条件称为振幅平衡条件，它可以使反馈电压等于输入电压；第二个条件称为相位平衡条件，它可以保证环路中是正反馈。

3. 稳定条件

振荡器在实际工作过程中存在着许多不稳定的因素，如电源波动、温度变化、机械振动等，这些不稳定因素将引起放大器和回路的参数发生变化，从而会破坏原来所建立的平

衡状态。如图 3.4 所示，如果通过放大和反馈的不断循环，振荡器越来越偏离原来的平衡状态，从而导致振荡器停振，则表明原来的平衡状态是不稳定的；反之，如果通过放大和反馈的不断循环，振荡器可自动返回到原来的平衡状态，则表明平衡状态是稳定的。

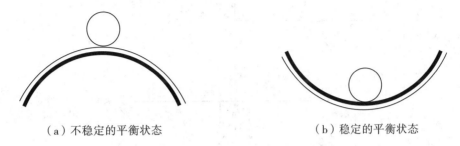

（a）不稳定的平衡状态　　　　　　　　（b）稳定的平衡状态

图 3.4　两种不同的平衡状态

振荡器的稳定条件也可分解为振幅稳定和相位稳定两个条件。

1）振幅稳定条件

要使振幅稳定，振荡器在其平衡点必须具有阻止振幅变化的能力。具体来说，如图 3.5(a)所示，在平衡点 u_C 附近，当不稳定因素使输入信号 u_i 增大时，放大器的增益 A 应该减小，使反馈电压 u_f 减小，从而阻止输入信号 u_i 增大；当不稳定因素使输入信号 u_i 减小时，放大器的增益 A 应该增大，从而阻止输入信号 u_i 减小。这就要求在平衡点附近，A 随输入信号 u_i 的变化率应为负值，即

$$\left.\frac{\mathrm{d}A}{\mathrm{d}u}\right|_{A=\frac{1}{F}} < 0 \tag{3.6}$$

可见，式(3.6)即为振幅稳定条件。

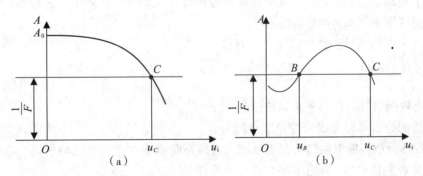

图 3.5　放大器增益 A 随输入电压 u_i 的变化曲线

由式(3.6)可知，图 3.5 中的 C 点为稳定的平衡点，B 点为不稳定的平衡点。

2）相位稳定条件

在振荡器工作时，某些不稳定因素也可能破坏相位平衡条件。例如，电源电压的波动或工作点的变化可能使晶体管内部的电容参数发生变化，从而造成相位的变化，产生一个相位偏移量。

相位稳定条件与频率稳定条件其实是相同的，由于瞬时角频率是瞬时相位对时间的导数，因此相位的变化势必会导致频率的变化。相位稳定条件是指当相位平衡条件被破坏时，电路本身的工作频率可以重新稳定在原来的频率上，这就要求频率变化时产生相反方

向的相位变化，以补偿外部不稳定因素所引起的相位变化。因此，谐振回路的相频特性曲线在工作频率附近的斜率应该为负斜率，如图 3.6 所示。

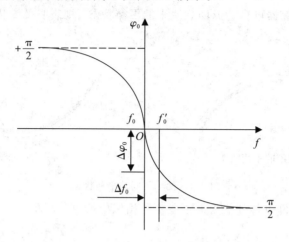

图 3.6　满足相位稳定条件的相频特性

故相位稳定条件是

$$\left.\frac{\mathrm{d}\varphi}{\mathrm{d}f}\right|_{f=f_0}<0 \tag{3.7}$$

4. 振荡条件的进一步分析

上面分析得到的起振、平衡和稳定的 6 个振荡条件理论上都应该满足，缺一不可，而在实际振荡电路中，必须要满足起振和平衡条件，稳定条件则通常隐含在电路结构中。

如果电路结构合理，则由于放大器件本身的非线性特性，只要满足起振条件，振荡器就能自动进入平衡状态，产生持续振荡。

可将 6 个振荡条件归纳为以下 3 个判据：

(1) 正反馈。

(2) $AF>1$。

(3) 选频网络具有负斜率相频特性。

振荡器的分析可以分成定性和定量两个方面：

(1) 定性分析判断电路结构是否合理，包括判断电路中是否有选频网络、选频网络的相频特性是否为负斜率、电路中是否具有正反馈等。

(2) 定量分析仅需分析电路是否满足振幅起振条件 $AF>1$。由于起振时振荡管处于线性放大状态，且输入信号很微弱，因此可以采用微变等效电路的方法进行分析。

3.3　LC 反馈型振荡器

在 LC 振荡器中，选频网络是由电感和电容连接在一起的调谐回路。利用调谐回路的谐振特性，可以使振荡器振荡在回路的谐振频率点上。在振荡回路中，虽然有一定的能量损耗，但是放大器可以通过正反馈补偿这些损耗，并提供能量以持续稳定地输出信号。

LC 振荡器

　　LC 反馈型振荡器是一种由 LC 回路的三个端点与晶体管的三个电极分别连接而成的 LC 振荡器。它可以分为两种基本类型：电容反馈型和电感反馈型。典型的反馈型 LC 振荡器电路有考必兹（Colpitts）电路、哈特莱（Hartley）电路、克拉泼（Clapp）电路和西勒（Seiler）电路。

3.3.1　反馈型 LC 振荡器的组成原理

　　无论是电容反馈型振荡电路还是电感反馈型振荡电路，都有这样一个规律：与发射极相连的两个元件性质相同，即发射极、基极之间与发射极、集电极之间的电抗元件性质相同（同为电感或电容），而基极与集电极之间的电抗元件的性质则与上面的电抗元件相反。

　　概括为一句话：射同集基反，即连接到发射极的两个电抗元件性质相同，并与集电极、基极之间的那个电抗元件相反。这个规则对反馈型振荡电路有普遍意义。为什么呢？因为它是由振荡器的相位平衡条件决定的。

　　我们由图 3.7 可以说明这个问题。典型的反馈型 LC 振荡电路有两种：一种是电容反馈型（考必兹）电路，如图 3.7(a)所示；另一种是电感反馈型（哈特莱）电路，如图 3.7(b)所示。

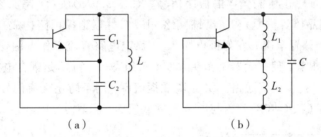

图 3.7　两种基本的反馈型 LC 振荡器

　　它们在反馈回路中都使用 LC 并联谐振回路来提供必要的相移，并作为选频网络保证输出所需频率的振荡信号，反馈电压则分别通过电容分压器方式和电感分压器方式得到。考必兹电路的基本组成与哈特莱电路类似，不同的是，考必兹电路中电容分压器 C_1、C_2 取代了哈特莱电路中的电感分压器 L_1、L_2。

　　上述两种基本的反馈型 LC 电路可以概括为图 3.8。为了证明反馈型 LC 振荡器组成原理的正确性，我们可以忽略回路损耗（如晶体管的输入和输出阻抗），并假设回路的品质因数足够高。

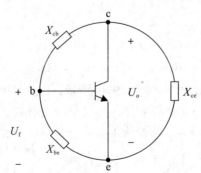

图 3.8　反馈型 LC 振荡器的电路组成

在图 3.8 中，谐振时回路应呈纯阻性：

$$X_{be} + X_{ce} + X_{cb} = 0 \tag{3.8}$$

而反馈电压为

$$U_f = \frac{jX_{be}}{j(X_{be} + X_{cb})} \cdot U_o = -\frac{X_{be}}{X_{ce}} U_o \tag{3.9}$$

由于晶体管的反向放大作用，输出电压 U_o 和输入电压 U_i 反相。但是，基于振荡的相位平衡条件，U_i 应与 U_f 同相，所以 U_f 和 U_o 反相。

因此，根据振荡的相位平衡条件和式(3.9)，反馈型振荡器能振荡的前提为

(1) X_{be} 和 X_{ce} 的电抗性质相同。

(2) X_{cb} 与 X_{be}、X_{ce} 的电抗性质相反。

3.3.2 电容反馈型 *LC* 振荡器(考必兹电路)

一个典型的反馈型 *LC* 振荡器是考必兹电路，如图 3.9(a)所示，它的交流等效电路如图 3.9(b)所示。反馈型 *LC* 振荡器在反馈回路中使用 *LC* 谐振回路来提供必要的相移，并作为选频网络以保证输出所需频率的振荡信号。如图 3.9(a)所示，考必兹电路由阻容耦合放大器(由 NPN 型晶体管构成)和正反馈网络(由 *LC* 并联谐振回路构成)组成。其中，R_{b1}、R_{b2} 是晶体管的两个偏置电阻；发射极电阻 R_e 有稳定电路直流工作点的作用，以防止温漂；电容 C_e 是射极旁路电容，使放大器工作在共发射极组态；C_3 和 C_4 是耦合电容，为从基极和集电极产生的交流信号提供交流通路；ZL 是高频扼流圈，用于防止交流信号从电源到地短路；*LC* 反馈网络由电容 C_1、C_2 串联后再与电感 *L* 并联组成，反馈信号由电容 C_2 传输到输入端。

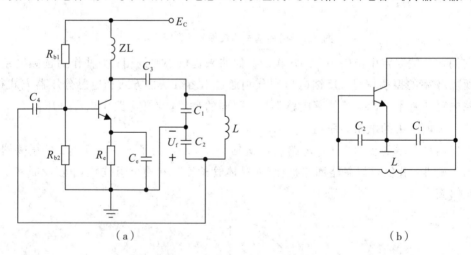

（a）　　　　　　　　　　　　　（b）

图 3.9　电容反馈型 *LC* 振荡器

考必兹振荡器的交流等效电路如图 3.9(b)所示，与发射极相连的两个电容 C_1 和 C_2 串联后再与电感 *L* 并联，构成并联谐振回路，其三个端点分别连接在晶体管的三个电极上。反馈电压取自于电容 C_2 上的分压，因此该电路被称为电容反馈型振荡器，即众所周知的考必兹电路。

振荡时满足的条件是：

$$X_{C1} + X_{C2} = X_L \tag{3.10}$$

如图 3.9 所示，考必兹电路中采用的晶体管放大器是一个对于输入信号有 $180°$ 相移输出的共射放大器，为了保证正反馈，振荡所需的额外 $180°$ 相移是通过两个电容 C_1、C_2 串联在一起实现的。谐振回路的中心抽头在一个"电容分压器"的交界处，将输出信号的一部分反馈回晶体管的发射极。两个串联电容产生另一个 $180°$ 相移，以保证振荡所需的正反馈。

假设振荡的相位平衡条件满足，并且 LC 谐振回路的品质因数 Q 足够高，振荡频率约等于谐振回路的频率，计算如下：

$$f_0 \approx \frac{1}{2\pi\sqrt{LC}} \tag{3.11}$$

其中，C 是 C_1 和 C_2 串联的总电容，其值为

$$C = \frac{C_1 C_2}{C_1 + C_2} \tag{3.12}$$

反馈量由 C_1 和 C_2 的比值确定。这两个电容一般都是共同提供一个恒定的反馈量，调整了其中一个，另一个自动随之改变。我们可以认为，流经 C_1 的电压与振荡器的输出电压相同，流经 C_2 的电压与振荡器的反馈电压相同，C_1 的电压比 C_2 的电压大得多。因此，通过改变电容 C_1 和 C_2 的值，我们可以调整振荡回路的反馈电压量。然而，反馈量过大会使输出正弦波失真，而反馈过小可能不会振荡。

考必兹振荡器的反馈量依据的是 C_1 和 C_2 的电容比例和振荡器控制激励的多少，这个比例被称为反馈系数 F，它定义为反馈电压与输出电压的比值，具体如下：

$$F = \frac{U_f}{U_0} \approx \frac{C_1}{C_2} \tag{3.13}$$

电容反馈型振荡器的优点如下：

(1) 由于反馈电压取自电容器 C_2，而电容对高次谐波呈现低阻抗，滤除谐波电流的能力强，因此输出的振荡波形好，更接近于正弦波。

(2) 振荡信号的频率稳定度高(可达 10^{-3})，且适当增加回路的电容可以进一步减小不稳定因素对振荡频率的影响。

(3) 振荡频率高，晶体管的输入电容或输出电容可以直接用作振荡电容，所以振荡频率可以达到几十兆赫到几百兆赫的高频段。

电容反馈型振荡器的缺点如下：

当调整 C_1 或 C_2 来改变振荡频率时，反馈系数也会发生变化，这会影响振荡信号的幅度，甚至影响振荡的起振。虽然可以通过一个可变电容与 L 并联，并保持 C_1 和 C_2 为固定电容，然后通过调整可变电容来调整频率，反馈系数基本上不会受到影响，但是这将限制振荡频率的提高。

3.3.3　电感反馈型 *LC* 振荡器(哈特莱电路)

反馈型 LC 振荡器的另一个基本类型是哈特莱电路，如图 3.10(a)所示。和考必兹电路一样，哈特莱电路在反馈回路中也是采用 LC 谐振回路提供必要的相移，并且作为选频网络提供所需频率的振荡信号。哈特莱振荡器产生射频范围(20 kHz ~ 30 MHz)的正弦波，并作为本地振荡器在无线电广播接收机中广泛使用。

哈特莱振荡器的交流等效电路如图 3.10(b)所示，与发射极相连的两个电感 L_1 和 L_2

串联后再与电容 C 并联，构成并联谐振回路。谐振回路的三个端点分别连接在晶体管的三个电极上，反馈电压取自于电感 L_2 两端，因此该电路被称为电感反馈型振荡器，也称为哈特莱电路。

在图 3.10(a)中，哈特莱振荡器由阻容耦合放大器(由 NPN 晶体管构成)和 LC 反馈网络组成。其中，R_{b1}、R_{b2} 是晶体管的两个分压偏置电阻；发射极电阻 R_e 能稳定电路的静态工作点，减小温度的变化对静态工作点的影响；电容 C_e 是射极旁路电容，使放大器工作在共发射极组态；C_1 是耦合电容，提供了从基极到振荡回路的交流路径；LC 反馈网络(振荡回路)由两个电感 L_1 和 L_2 串联后再与电容 C 并联构成，反馈信号从电感 L_2 反馈回输入端。

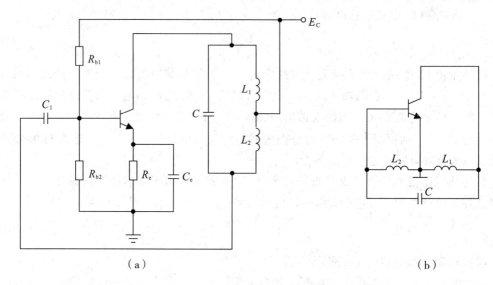

图 3.10　电感反馈型 LC 振荡电路

当集电极电源电压 E_C 接通后，集电极电流开始增加并对电容 C 充电，电容完全充满电后，通过线圈 L_1 和 L_2 放电，LC 谐振回路形成阻尼谐波振荡。谐振回路的振荡电流通过 L_1 在集电极上产生交流电压输出。反馈电压从输出(集电极-发射极电路)到输入(基极-发射极电路)通过自耦变压器自动完成。放大器输出通过电感 L_1，并经过电感 L_2 形成反馈电压。L_1 是 L_2 之间存在互感 M，它们组合为一个自耦变压器，给振荡电路提供能量，用来克服电路损耗。因此，振荡电路能够持续振荡。

由于 L_1 和 L_2 的中心接地，L_1 的电压与 L_2 的电压相位差总是 $180°$，而共发射极接法的晶体管本身的输入和输出电压之间又引入了一个 $180°$ 的相位，因此，总相移为 $360°$(或 $0°$)，从而保证反馈为正反馈。这是振荡必不可少的条件，所以得到了连续的振荡信号。

反馈网络(L_1、L_2 和 C)决定了振荡器的频率，它的计算方法如下：

$$f_0 \approx \frac{1}{2\pi\sqrt{LC}} \tag{3.14}$$

其中，L 是总的回路电感：

$$L = L_1 + L_2 + 2M \tag{3.15}$$

反馈量取决于 L_1 和 L_2 的值。我们可以看到，L_1 的电压与振荡器的输出电压相同，L_2 的电压与振荡器的反馈电压相同，且 L_1 的电压比 L_2 的电压大得多。因此，通过改变 L_1 和 L_2 的值，我们可以调整回到振荡电路的反馈电压量。然而，反馈太大会使输出的正弦波失真，而反馈太小则电路可能不能振荡。

反馈系数 F 定义为反馈电压与输出电压的比值，其大小为

$$F = \frac{U_f}{U_o} \approx \frac{L_2 + M}{L_1 + M} \tag{3.16}$$

电感反馈型振荡器的优点如下：

(1) 由于 L_1 和 L_2 之间有互感，因此反馈很强，很容易起振。

(2) 调整振荡频率方便，只需调节电容 C 的值即可。

(3) 电路的反馈系数基本不会因电容 C 的变化而受到影响。

电感反馈型振荡器的缺点如下：

(1) 振荡波形较差。由于反馈电压来自电感的两端，而通过电感的高次谐波的阻抗比较大，因此反馈电压包含了更多的高次谐波成分，输出波形也包含了更高次的谐波。

(2) 振荡频率不能太高。这是因为当频率太高时，极间电容的影响增大，电路电抗的属性会被改变，导致不能满足相位平衡条件。

例 3.1　在图 3.11 所示的振荡器交流通路中，三个 LC 并联回路的谐振频率分别是：$f_1 = \dfrac{1}{2\pi\sqrt{L_1 C_1}}$，$f_2 = \dfrac{1}{2\pi\sqrt{L_2 C_2}}$，$f_3 = \dfrac{1}{2\pi\sqrt{L_3 C_3}}$。试问 f_1、f_2、f_3 满足什么条件时，该振荡器能正常工作？

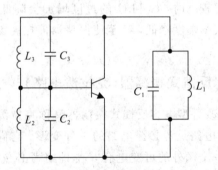

图 3.11　例 3.1 图

解　该电路要能振荡，有以下两种可能性：

(1) 若构成电容反馈型 LC 振荡器，则在振荡频率 f_{osc} 处，$L_1 C_1$ 回路与 $L_2 C_2$ 回路要呈现为容性，即 f_{osc} 应大于 f_1 和 f_2，而 $L_3 C_3$ 回路要呈现为感性，即 f_{osc} 应小于 f_3。所以，应满足 $f_1 < f_{osc} < f_3$，$f_2 < f_{osc} < f_3$。

(2) 若构成电感反馈型 LC 振荡器，则在振荡频率 f_{osc} 处，$L_1 C_1$ 回路与 $L_2 C_2$ 回路要呈现为感性，即 f_{osc} 应小于 f_1 和 f_2，而 $L_3 C_3$ 回路要呈现为容性，即 f_{osc} 应大于 f_3。所以，应满足 $f_1 > f_{osc} > f_3$，$f_2 > f_{osc} > f_3$。

3.4　改进型电容反馈式振荡器

上面讨论的两种反馈型 LC 振荡器的振荡频率不仅与谐振回路的 LC 元件的值有关，还与晶体管的输入电容 C_i 和输出电容 C_o 有关。当工作环境发生改变或更换晶体管时，振荡频率及其稳定性将受到影响。例如，对于电容反馈型电路，晶体管的输入 C_i 和输出电容

和 C_o 分别与回路的电容 C_2 和 C_1 并联,图 3.12 所示的电容反馈型振荡器的等效电路的振荡频率可以近似写为

$$\omega_0 \approx \cfrac{1}{\sqrt{L\cfrac{(C_1+C_o)(C_2+C_i)}{C_1+C_2+C_o+C_i}}} \tag{3.17}$$

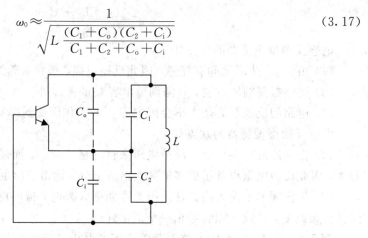

图 3.12 加入 C_i 和 C_o 的电容反馈型振荡器的等效电路

如何减小 C_i 和 C_o 的影响,以提高振荡频率的稳定性呢?表面看来似乎增加回路电容 C_1 与 C_2 的值,可以减小 C_i 和 C_o 对振荡频率的影响,但这仅仅适用于频率不是很高,且 C_1、C_2 都比较大的情况。当频率较高时,C_1 和 C_2 的过度增加会降低 L(维持振荡频率不变)的值,会导致回路的 Q 值和振荡幅度降低,甚至使振荡器停振。因此,有必要对电路进行进一步的改进。

3.4.1 串联改进型电容反馈式振荡器(克拉泼电路)

图 3.13(a)所示的串联改进型电容反馈式振荡器又称克拉泼电路,它的交流等效电路如图 3.13(b)所示。克拉泼电路是考必兹电路的一种变形,它们的根本区别是在 LC 谐振反馈电路中与电感 L 串联一个额外的可变电容 C_3,即将考必兹电路中的单个电感 L 换成由 L 和 C_3 组成的串联谐振回路。

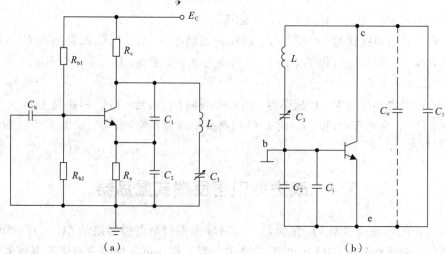

(a)   (b)

图 3.13 串联改进型电容反馈式振荡器

克拉泼电路也是电容反馈型振荡电路，其工作原理与考必兹电路的相同，满足反馈型振荡电路的组成法则，但与电感 L 串联的电容 C_3 的加入，可以提高频率稳定性，消除晶体管参数对电路振荡频率的影响。

在克拉泼电路中，C_3 通常比 C_1 和 C_2 小得多，这样振荡回路的等效电容 C_Σ 约等于 C_3，即

$$C_\Sigma = \frac{C_1'C_2'C_3}{C_1'C_2' + C_1'C_3 + C_2'C_3} \approx C_3 \tag{3.18}$$

其中，$C_1' = C_1 + C_o$，$C_2' = C_2 + C_i$。振荡频率近似等于谐振回路的频率，可表示为

$$f_0 \approx \frac{1}{2\pi\sqrt{LC_3}} \tag{3.19}$$

基于表达式(3.19)，我们可以看到克拉泼电路的振荡频率与电容 C_1 和 C_2 几乎无关，所以它们的变化对振荡频率的稳定性影响不大，可提高频率稳定度。

在考必兹电路中，谐振频率受晶体管的输入、输出电容的影响，因为回路电容 C_1、C_2 与晶体管的输入、输出电容并联，所以它们的值会改变，但在克拉泼电路中，晶体管的输入、输出电容对电容 C_3 没有影响，所以其振荡频率更稳定、准确，这是克拉泼振荡器优于考必兹振荡器的原因。

在克拉泼电路中，电容 C_3 可用于调谐，且 C_3 的值越小，频率稳定性越高。然而，C_3 并不是越小越好，为了说明这个问题，我们从电路的谐振电阻开始分析。

如图 3.14 所示，谐振电阻 R 被转换成晶体管的输出电阻 R'：

$$R' = n^2 R \tag{3.20}$$

其中，谐振电阻 R 为

$$R = Q\omega_0 L \tag{3.21}$$

部分接入系数 n 又称为部分电压比，其计算式为

$$n = C_3 \Big/ \left(C_3 + \frac{C_1'C_2'}{C_1' + C_2'} \right) \tag{3.22}$$

$$= \frac{1}{1 + \dfrac{C_1'C_2'}{(C_1' + C_2') \cdot C_3}} \tag{3.23}$$

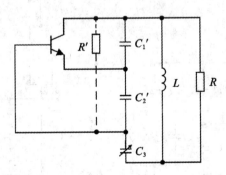

图 3.14 谐振电阻 R 折合到晶体管输出端

综上所述，我们可以看到，若电容 C_3 太小，C_1、C_2 太大，则 n 和 R' 将过小，放大器的电压增益和振荡器输出信号的幅度也会降得很低，甚至会导致停振。显然，降低 C_3 的值以

提高振荡频率的稳定度是以牺牲回路增益为代价的。

总之，虽然频率稳定度可以在克拉泼电路中得到改进，但还存在以下缺陷：

（1）如果 C_1、C_2 太大，则振荡幅度就会太小。

（2）当降低 C_3 的值以提高振荡频率稳定度时，振荡幅度将明显减小；当 C_3 降低到一定程度时，振荡器会停止振荡，从而使振荡频率稳定度的提高受到限制。

（3）作为一个频率可调谐的振荡器，振荡幅度随频率的变化而变化，在波段范围内输出的幅度不平稳，所以频率覆盖率系数（高端频率和低端频率的比值）不大，约为 1.2～1.3。

基于克拉泼振荡器的缺陷，我们可以进一步完善它。下面介绍并联改进型电容反馈式振荡器。

3.4.2 并联改进型电容反馈式振荡器（西勒电路）

在克拉泼振荡器中，如果 C_3 太小或 C_1 和 C_2 太大，则振荡幅度将急剧下降，甚至使电路不振荡，因此克拉泼振荡器不能作为波段振荡器使用。为了解决这些问题，可将一个小的可变电容 C_4 与电感 L 并联来调谐，因此改进后的电路被称为并联改进型电容反馈式振荡器，又称为西勒电路，如图 3.15（a）所示，其交流等效电路如图 3.15（b）所示。

在图 3.15（a）中，我们可以看到西勒电路是克拉泼电路的变形，基本区别就是外加一个可变电容 C_4 与电感 L 并联在反馈电路上。与克拉泼电路相比，单电感 L 由电容 C_4 与电感 L 的并联电路取代。该电路的振荡原理与克拉泼电路相同，与 C_1 和 C_2 串联的小电容 C_3 可以提高振荡频率的稳定性，消除晶体管参数对电路振荡的影响。

在西勒电路中，C_4 通常比 C_1 和 C_2 小很多，故振荡回路的等效电容：

$$C_\Sigma = C_4 + \frac{1}{1/C_1 + 1/C_2 + 1/C_3} \approx C_4 + C_3 \tag{3.24}$$

振荡频率近似等于谐振电路的频率，计算公式如下：

$$f_0 \approx \frac{1}{2\pi\sqrt{L(C_3 + C_4)}} \tag{3.25}$$

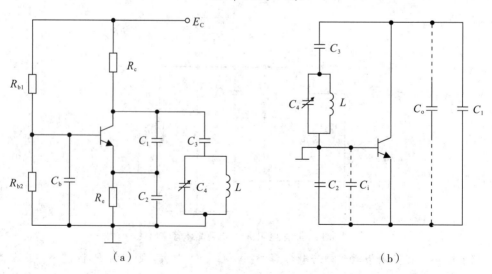

图 3.15 并联改进型电容反馈式振荡器

与克拉泼电路一样，西勒电路的振荡频率与电容 C_1 和 C_2 几乎无关，所以它们的变化对振荡频率的稳定性影响不大，频率稳定度得到提高。在考必兹电路中，谐振频率受晶体管输入、输出电容的影响，因为电容 C_1 和 C_2 与晶体管的输入、输出电容并联，所以它们的值在改变。但在西勒电路中，晶体管的输入、输出电容对电容 C_3 和 C_4 没有影响，因此振荡频率更为准确、稳定。

在西勒电路中，电容 C_3 和 C_4 用于调谐，且 C_3 的值越小，频率稳定度越高。然而，与克拉泼电路一样，C_3 不是越小越好，否则振荡幅度将急剧下降，甚至使电路不振荡，所以克拉泼电路不能作为波段振荡器。

克拉泼电路不能作为波段振荡器，但西勒电路可以，为什么呢？为了说明这个问题，我们对图 3.16 所示的谐振电阻电路进行分析。

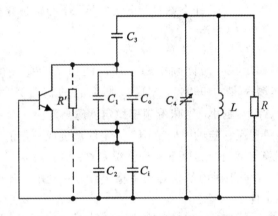

图 3.16 谐振电阻 R 折合到晶体管输出端

谐振电阻 R 折合为晶体管的输出电阻 R'：

$$R' = n^2 R \tag{3.26}$$

其中，部分接入系数 n（假设 $C_1' = C_1 + C_o$，$C_2' = C_2 + C_i$）为

$$n = \frac{C_3}{C_3 + \dfrac{C_1' C_2'}{C_1' + C_2'}} \tag{3.27}$$

谐振电阻 R 为

$$R = Q \omega_0 L \tag{3.28}$$

根据式（3.27），我们看到西勒电路中 n 的值和克拉泼电路中 n 的值一样，与电容 C_4 无关。因此，我们可以通过调整电容 C_4 来改变振荡频率，但 n 和 R' 不会改变，所以放大器的电压增益和振荡器的输出信号幅度也不会改变。

综上所述，西勒电路克服了克拉泼电路的缺点，其输出幅度相对稳定，调谐范围较宽，频率的覆盖系数高，一般约为 1.6～1.8。在实际应用中，西勒电路已被广泛应用于宽带系统中。

3.5 振荡器的频率稳定度

振荡器的最重要指标是其频率稳定度。换句话说，要求在不同的条件下，振荡器都输

出一个恒定的频率。例如，在通信系统中频率不稳定就会漏失信号而联系不上，测量仪器的频率不稳定将会导致较大的测量误差，载波频率偏移会引起载波电话的语音失真。

3.5.1　频率稳定性的定性分析

振荡器的频率稳定性是用频率稳定度这个指标来衡量的，有两种表示方法。

1. 绝对频率稳定度

绝对频率稳定度是指在一定条件下实际振荡频率 f 与标称频率 f_0 之间的偏差 Δf：

$$\Delta f = f - f_0 \tag{3.29}$$

2. 相对频率稳定度

相对频率稳定度是指在一定条件下绝对频率稳定度 Δf 与标称频率 f_0 的比值：

$$\frac{\Delta f}{f_0} = \frac{f - f_0}{f_0} \tag{3.30}$$

常用的是相对频率稳定度，简称频率稳定度。例如，如果一个振荡器标称频率为 1 MHz，但其实际工作频率是 0.999 99 MHz，那么它的相对频率稳定度为 $\Delta f / f_0 = $ 10 Hz/1 MHz$= 10^{-5}$。$\Delta f / f_0$ 越小，意味着频率稳定度越高。

上述的"一定条件"可以是一定的时间范围、一定的温度或一定的电压变化范围等。在一定的时间范围内频率稳定度可分为以下几种情况：

（1）短期频率稳定度：一小时内的相对频率稳定度，一般用于评价测量仪器和通信设备中主振荡器的频率稳定性。

（2）中期频率稳定度：一天内的相对频率稳定度。

（3）长期频率稳定度：几个月或一年内的相对频率稳定度。

不同通信设备对频率稳定度的要求是不同的。中波广播电台发射机中的中期频率稳定度为 2×10^{-5}/天；电视发射台的是 5×10^{-7}/天；LC 振荡器的一般是$(10^{-4} \sim 10^{-3})$/天；克拉泼振荡器和西勒振荡器的是$(10^{-5} \sim 10^{-4})$/天。

3.5.2　导致频率不稳定的因素

振荡器的频率主要取决于回路的参数，也与晶体管的参数有关。这些参数不可能固定不变，所以振荡频率也不可能绝对稳定。

1. LC 回路参数的不稳定

温度变化是使 LC 回路参数不稳定的主要因素。温度的变化会导致回路电容和电感线圈的几何尺寸变形，从而使 L 和 C 的值变化。一般来说，L 具有正的温度系数，即随着温度的升高而增加；而电容由于不同的介电材料和结构，其温度系数可正可负。

此外，机械振动可以使电容和电感产生变形，并使 L 和 C 的值变化，从而导致振荡频率变化。

2. 晶体管参数的不稳定

温度或直流电源的变化必然会导致静态工作点和晶体管结电容变化，从而使振荡频率不稳定。

3.5.3　稳频措施

基于以上导致振荡器频率不稳定性因素的分析,我们可以知道,应该从两方面来提高振荡器的频率稳定度:一方面,减少外部因素的干扰;另一方面,提高振荡回路的标准性,以提高电路的抗干扰能力。

1. 减少外部因素的干扰

影响振荡器频率稳定度的外部因素一般包括:温度、负载、直流电源电压、环境磁场、湿度和机械振动等。其中,温度对振荡器的影响是最大的。

1）减小温度变化的影响

为了减小温度的影响,基本方法是将振荡器放在恒温槽内,保持温度恒定,因此该法适用于高精度要求。

一般情况下,为了减小温度的影响,可以采用温度系数较小的电感、电容。例如,电感线圈采用高频磁骨架,具有较低的温度系数和损耗;对于空气可变电容器,最好使用铜作为支架,因为铜与铝相比,铜的热膨胀系数较低;云母电容器温度系数较低,性能可靠,是固定电容器中较好的一种。

2）稳定电源电压

电源电压的波动会使晶体管的直流工作点、电流发生变化,从而改变晶体管的参数,降低频率的稳定度。为了减少其影响,我们可以使用由良好的稳压电源供电和具有高稳定性直流工作点的电路。

3）减少负载的影响

振荡器的输出信号需要施加到负载,负载的变化将不可避免地使振荡频率不稳定。为了减少这种影响,可以在负载和回路之间加一级输入电阻很大的射极跟随器,从而削弱负载对振荡电路的影响。

4）屏蔽并远离热源

屏蔽电路可以减少周围电磁场的干扰。此外,避免振荡电路在任何热源附近,以减少温度变化的影响。换言之,保持振荡器远离高功率晶体管、能量转换器、整流器、灯或其他热源。

2. 提高振荡回路的标准性

振荡回路的标准性是指当外部因素发生变化时,电路保持振荡频率不变的能力。

1）使用高稳定性的电感和电容

为了保证振荡频率的稳定度,我们最好使用采用高质量的材料、合理的结构和先进的技术制成的高稳定性电感与电容。

2）使晶体管和回路之间的耦合很弱

在克拉泼电路和西勒电路中,可把决定振荡频率的主要元件 L、C 与晶体管的输入、输出阻抗参数隔开,主要是与电容 C_1 和 C_o 隔开,使晶体管与谐振回路之间的耦合很弱,从而提高频率稳定度。

3）提高振荡回路的品质因数 Q 值

我们知道,相位的变化必然带来频率的变化。根据振荡的相位稳定条件,选频网络的

相频特性应具有负的斜率。由第 1 章中的分析可知，相移、振荡频率和品质因数 Q 之间的关系是

$$\varphi = -\arctan 2Q\left(\frac{\Delta\omega}{\omega_0}\right) \tag{3.31}$$

由式（3.31）可见，振荡回路相频特性的负斜率与 Q 值成正比。Q 值越大，斜率越大，相位频率特性变化越快，频率越稳定。因此，振荡回路的 Q 值越高，频率稳定度也越高。

3.6 石英晶体振荡器

随着现代科学技术的发展，对正弦波振荡器的频率稳定度的要求越来越高。尽管可以采取各种措施来稳定 LC 振荡器的频率，但 LC 振荡器的频率稳定度一般也只能达到 10^{-5}，其原因主要是 LC 回路的 Q 值不能取得很高（通常在 200 以下）。晶体振荡器中采用的滤波器是压电石英晶体，取代了 LC 振荡器中的 LC 谐振回路。晶体作为谐振器产生机械振动，其振动频率决定了振荡频率。晶体具有很高的 Q 值（可达 10^4），其温度稳定性也比 LC 调谐回路好，所以晶体振荡器的频率稳定度要比 LC 振荡器高得多（可达 $10^{-10} \sim 10^{-11}$），因此得到了非常广泛的应用。下面首先来介绍石英晶体的基本特性。

3.6.1 石英晶体的等效电路和电特性

石英晶体是硅石的一种，它的化学成分是二氧化硅（SiO_2）。将石英晶体按一定方位角切割成薄片，然后在晶片的两个对应表面上用喷涂金属的方法装上一对金属极板，就构成了石英晶体振荡元件。

1. 石英晶体的压电效应及其等效电路

石英晶体是一个压电器件，具有正、反压电效应。当机械力作用于石英晶片时，晶片相对两侧将产生电荷；反之，当把一个交变的电压源加到石英晶片上时，它的形状和几何尺寸将发生改变。

压电器件可以被归类为换能器，因为它们将一种能量转换成另一种能量（电能转换为机械能或机械能转换为电能）。这种压电效应产生的机械振动或振荡可以用来取代之前振荡器中的 LC 调谐回路。这种压电效应产生的最强共振频率就是晶体的谐振频率，它由石英晶体的物理尺寸和厚度决定，即晶体一旦切割成型，就不能被用在其他频率上。换言之，石英晶体的大小和形状决定了它的基本振荡频率。

石英晶体的电路符号如图 3.17（a）所示，模拟其机械振动的基频等效电路如图 3.17（b）所示，其中 L_q 为大动态电感，C_q 是小动态电容，r_q 为低动态电阻，C_0 为大静态安装电容。

晶体还可以谐振在它的奇次谐波频率上，被称为泛音晶体。采用泛音晶体可以使晶体振荡器的频率更高，所以石英晶体的完整等效电路如图 3.17（c）所示。

石英谐振器的最大特点是有非常大的动态等效电感 L_q（通常为几十 mH），但其动态等效电容 C_q（10^{-2} pF 以下）和等效电阻 r_q（十几到几十欧姆）非常小，所以它具有很高的 Q 值，可以达到 $10^4 \sim 10^6$，因此石英晶体谐振器的频率稳定度很高。

2. 石英晶体的阻抗特性

从图 3.17(b)中可看出，石英谐振器有两个谐振频率，即串联谐振频率 f_S 和并联谐振频率 f_P。

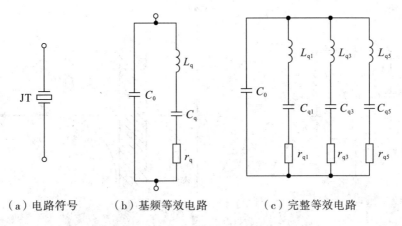

（a）电路符号　　　　（b）基频等效电路　　　　　（c）完整等效电路

图 3.17　石英晶体的电路符号及等效电路

1）串联谐振频率 f_S

在等效电路中，L_q、C_q 组成串联谐振回路，其串联谐振频率为

$$f_S = \frac{1}{2\pi\sqrt{L_q C_q}} \tag{3.32}$$

2）并联谐振频率 f_P

在等效电路中，L_q、C_q 和 C_0 组成并联谐振回路，其并联谐振频率为

$$f_P = \frac{1}{2\pi\sqrt{L_q \dfrac{C_0 C_q}{C_0 + C_q}}} \tag{3.33}$$

由于 $C_0 \gg C_q$，因此 f_P 与 f_S 相隔很近，由式(3.33)可得

$$f_P = \frac{1}{2\pi\sqrt{L_q C_q}}\sqrt{L_q \frac{C_0 C_q}{C_0 + C_q}} = f_S\sqrt{1 + \frac{C_q}{C_0}} \tag{3.34}$$

显然，由于 $C_q \ll C_0$，因此两个谐振频率非常接近。

3）石英晶体的电抗特性

由于动态电阻 r_q 很小，因此可以忽略它，如图 3.18(a)所示。为了说明电路中石英晶体谐振器的作用，图 3.18(b)给出了其等效电抗 X 与频率 f 的曲线。

等效阻抗 Z 可表示为

$$Z = \frac{\mathrm{j}\left(\omega L_q - \dfrac{1}{\omega C_q}\right)\left(-\dfrac{\mathrm{j}}{\omega C_0}\right)}{\mathrm{j}\left(\omega L_q - \dfrac{1}{\omega C_q} - \dfrac{1}{\omega C_0}\right)} = -\mathrm{j}\,\frac{1}{\omega C_0}\,\frac{\omega L_q\left(1 - \dfrac{1}{\omega^2 L_q C_q}\right)}{\omega L_q\left(1 - \dfrac{1}{\omega^2 L_q \dfrac{C_q C_0}{C_q + C_0}}\right)}$$

$$= -\mathrm{j}\,\frac{1}{\omega C_0}\,\frac{\left(1 - \dfrac{\omega_S^2}{\omega^2}\right)}{\left(1 - \dfrac{\omega_P^2}{\omega^2}\right)} \tag{3.35}$$

由式(3.35)可以看出，当 $\omega=\omega_S$ 时，L_q 和 C_q 产生串联谐振，$Z=0$；当 $\omega=\omega_P$ 时，L_q 和 C_q 产生并联谐振，$Z\rightarrow\infty$；当 $\omega<\omega_S$ 或 $\omega>\omega_P$ 时，$Z=-jX$，电抗呈容性；当 $\omega_S<\omega<\omega_P$ 时，$Z=jX$，电抗呈感性。

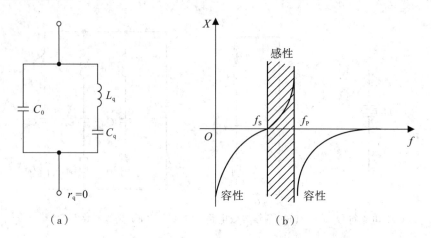

图 3.18 石英谐振器的电抗特性

由图 3.18(b)可知，由于两谐振频率 ω_S 和 ω_P 的差异非常小，所以呈感性(图中阴影部分)的阻抗曲线很陡峭。在实际应用中，石英谐振器通常工作在频率范围极窄的电感区(可以把它看成一个电感)，只有在电感区电抗曲线才有非常大的斜率，这对稳频很有利，而电容区是不宜使用的。

3. 石英谐振器频率稳定度高的原因

石英谐振器频率稳定度高的原因如下：

(1) 温度系数小，用恒温设备后，频率稳定度更可得到保证。

(2) Q 值非常高，在谐振频率 f_S 或 f_P 附近，相频特性的斜率很大，这有利于稳频。

(3) $C_q\ll C_0$，使振荡频率基本上由 L_q 和 C_q 决定，外电路对振荡频率的影响很小。这可从两方面来说明：

① 如图 3.19 所示，如果某一分布电容 C_n 并联在 C_0 两端，这时振荡频率为

$$\omega=\frac{1}{\sqrt{L_q\left[\dfrac{C_q(C_0+C_n)}{C_q+C_0+C_n}\right]}}\approx\frac{1}{\sqrt{L_qC_q}} \tag{3.36}$$

显然，外界电容对振荡频率几乎没有影响，只要石英谐振器本身的参数 L_q 和 C_q 很稳定，就可以有很高的频率稳定度。

② 如图 3.20 所示，如果外接电阻 R 并在 C_0 两端，则折合到 L_q 两端的电阻 R' 为

$$R'=\left(\frac{C_q+C_0}{C_q}\right)^2R\approx\left(\frac{C_0}{C_q}\right)^2R \tag{3.37}$$

由于 $C_0\gg C_q$，因此 $R'\gg R$。外接电阻对电感 L_q 的分路作用很小，石英晶体谐振器仍然可以保证有很高的品质因数。

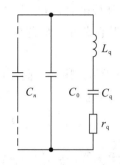 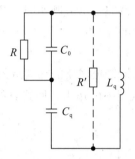

图 3.19 分布电容 C_n 与 C_0 并联   图 3.20 外接电阻 R 折合到电感 L_q 两端

3.6.2 石英晶体振荡器电路

晶体振荡器是振荡器中最常见的类型，由于其频率稳定性高(可达 $10^{-10} \sim 10^{-11}$)，因此被广泛应用于大多数无线电发射机中以稳定频率，应用于计算机和石英钟中以产生时钟信号。晶体振荡器和 LC 振荡器的电路组成基本相同，只是用石英晶体取代了 LC 调谐回路。皮尔斯振荡器电路是晶体振荡器电路中一种典型的常用电路。晶体振荡器产生的正弦波信号的频率范围很宽，通常从一兆赫或两个兆赫甚至几百兆赫都可以。

晶体振荡器有很多种，但从电路中晶体的作用来看，可以分为两类：一类是振荡频率在晶体的串联谐振频率 f_S 和并联谐振频率 f_P 之间，晶体等效为电感，工作于反馈型振荡电路的情况，被称为并联型晶振电路；另一类是振荡频率在晶体的串联谐振频率 f_S 附近，晶体等效为短路元件，工作于正反馈支路的情况，被称为串联型晶振电路。

1. 并联型晶体振荡电路

1) 皮尔斯振荡电路

皮尔斯振荡器是一种典型的并联型晶体振荡器，其原理电路如图 3.21(a)所示。我们可以看到，它类似于电容反馈型(考必兹)电路，晶体工作在 f_S 和 f_P 之间，等效为电感，用来取代考必兹振荡器中的电感。

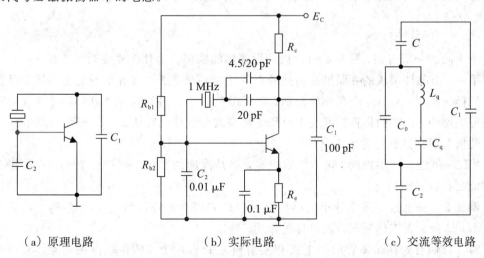

(a) 原理电路   (b) 实际电路   (c) 交流等效电路

图 3.21 皮尔斯振荡电路

皮尔斯振荡器的一个实例如图 3.21(b)所示，晶体与外接电容(包括小电容 4.5/20 pF 与 20 pF 两个小电容)和 C_1、C_2 组成一个并联谐振回路，其振荡频率应落在 f_S 和 f_P 之间。

(1) 振荡频率 f_0。

皮尔斯振荡器谐振回路的交流等效电路如图 3.21(c)所示，其中与晶体串联的负载电容 C 有微调晶振频率的作用。回路总的等效电容 C_Σ 可以计算如下：

$$\frac{1}{C_\Sigma} = \frac{1}{C_q} + \cfrac{1}{C_0 + \cfrac{1}{\cfrac{1}{C} + \cfrac{1}{C_1} + \cfrac{1}{C_2}}} \tag{3.38}$$

选择电容 $C \ll C_1$，$C \ll C_2$，式(3.38)可近似为

$$\frac{1}{C_\Sigma} \approx \frac{1}{C_q} + \frac{1}{C_0 + C} = \frac{C_q + C_0 + C}{C_q(C_0 + C)} \tag{3.39}$$

所以

$$f_0 = \frac{1}{2\pi \sqrt{L_q \dfrac{C_q(C_0 + C)}{C_q + C_0 + C}}} \tag{3.40}$$

(2) f_0 总是处在 f_S 与 f_P 之间。

调节 C 可使 f_0 产生很小的变动。如果 C 很大，取 $C \to \infty$，代入式(3.40)，可得 f_0 的最小值为

$$f_{0\min} \approx \frac{1}{2\pi \sqrt{L_q C_q}} = f_S \tag{3.41}$$

若 C 很小，取 $C \approx 0$，代入式(3.40)，可得 f_0 的最大值为

$$f_{0\max} \approx \frac{1}{2\pi \sqrt{L_q \dfrac{C_q C_0}{C_q + C_0}}} = f_P \tag{3.42}$$

可见，无论怎样调节 C 的大小，f_0 总是处于 f_S 与 f_P 之间，晶体工作于感性区间，等效为电感。由于晶体的感性区间非常狭窄，有利于稳频，因此皮尔斯振荡器的频率稳定度很高。

(3) 频率的微调。

由上面的分析可知，调节 C 可以微调振荡器的频率。为什么要微调振荡频率呢？

第一，由晶体组成的并联谐振回路的振荡频率一般不能正好等于石英谐振器产品指标给出的标称频率，会有一个很小的差别，需要用负载电容进行校正。在如图 3.21(b)所示的实际电路中，晶体的标称频率为 1 MHz，适当调节负载电容从 24.5 pF 到 44.5 pF 左右，就可使振荡频率达到标称值 1 MHz。

第二，虽然晶体的物理、化学性质稳定，但是温度的变化仍会改变它的参数，振荡频率可能会有较慢的变化。

例 3.2   一个数字频率计里的晶振交流通路如图 3.22 所示，已知晶振的工作频率为 5 MHz，试分析其工作原理以及晶体的作用。

解   我们看到在晶体管的集电极和发射极之间有一个 LC 并联谐振回路，其谐振频率为

$$f_0 = \frac{1}{2\pi \sqrt{4.7 \times 10^{-6} \times 330 \times 10^{-12}}} \approx 4.0 \ \mathrm{MHz}$$

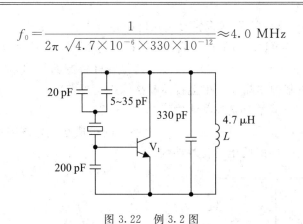

图 3.22 例 3.2 图

由于在晶振工作频率 5 MHz 处,此 LC 并联谐振回路等效为一个电容,因此该电路是一个皮尔斯振荡电路,晶体等效为电感。容量为 5~35 pF 的可变电容起微调作用,使振荡器工作在晶体的标称频率 5 MHz 上。

2)密勒振荡电路

密勒振荡电路是另一种形式的并联型晶体振荡电路,如图 3.23 所示。石英晶体作为电感连接在结型场效应管的栅极和源极之间,LC 并联谐振回路在振荡频率上等效为电感,作为另一电感元件连接在漏极和源极之间,极间电容 C_{gd} 为电感反馈型振荡器中的电容元件。由于 C_{gd} 又称为密勒电容,因此电路又称密勒振荡电路。

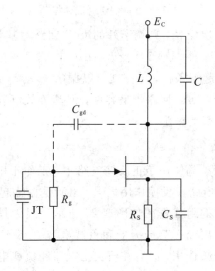

图 3.23 密勒振荡器

密勒振荡电路通常不采用晶体管,原因是正向偏置时晶体管的发射结电阻太小,虽然晶振与发射结的耦合很弱,但也会在一定程度上降低回路的标准性和频率的稳定性,所以采用输入阻抗高的场效应管。

3)泛音晶体振荡电路

所谓泛音,是指石英晶片振动的机械谐波。它与电气谐波的主要区别是电气谐波与基频是整数倍的关系,且谐波和基频同时并存;而泛音在基频奇数倍附近,且两者不能同时并存。

石英谐振器的频率越高,要求晶片越薄,机械强度越差,用在电路中越容易振碎。一般晶体频率不超过 30 MHz。为了提高晶振电路的工作频率,可使电路的振荡频率工作在晶体的谐波(一般在 3 次到 7 次谐波)频率上,这是一种特制的晶体,叫作泛音晶体。这样就可利用几十兆赫兹基频的晶片产生上百兆赫兹的稳定振荡。

并联型泛音晶体振荡器的原理电路如图 3.24(a)所示。不同于皮尔斯振荡器,它利用 L_1C_1 谐振回路代替了电容 C_1,而根据反馈型振荡器的组成法则,该谐振回路应该呈容性。图 3.24(b)所示为 L_1C_1 回路的电抗特性曲线。

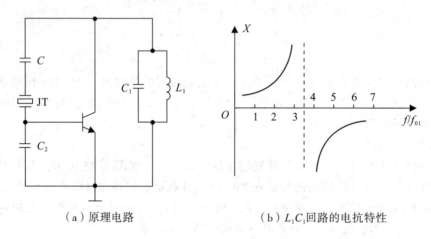

(a)原理电路   (b)L_1C_1回路的电抗特性

图 3.24 并联型泛音晶体振荡器

假如要求晶体工作在 5 次泛音,则调谐好的 L_1C_1 回路对基频和 3 次泛音应呈感性,不满足反馈型振荡电路的相位条件。对 5 次泛音,L_1C_1 回路又相当于一电容,满足了起振的相位条件,若同时满足振幅起振条件,电路就可以振荡。

至于 7 次及以上的泛音,L_1C_1 回路虽呈容性,但其等效电容量过大,不满足振幅起振条件,因而也不能在这些频率上振荡。

2. 串联型晶体振荡电路

串联型晶振电路是将石英晶体用于正反馈支路中,工作于串联谐振频率附近,利用串联谐振时等效为短路元件,电路正反馈作用最强,以满足振幅起振条件,产生振荡。

一种串联型晶体振荡器的组成框图如图 3.25 所示。因为是两级共射放大器,所以输出电压与输入电压同相。输出经石英谐振器和负载电容 C_L 反馈到输入端,这个反馈是正反馈。由于石英谐振器的选频作用,只有在石英谐振器和负载电容所决定的串联谐振频率上,晶体的串联阻抗最小,正反馈最强。因此,电路在这个串联谐振频率上产生振荡。

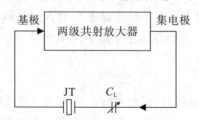

图 3.25 一种串联型晶体振荡器的组成框图

　　根据图 3.25 所示的框图，我们给出一个串联型晶体振荡器的实例，如图 3.26 所示。石英谐振器串接在两级共射放大器的正反馈电路之间。第一级放大器的集电极负载用 LC 调谐回路，利用它的选频作用，输出端得到了波形较好的正弦波电压。调节负载电容 C_L，可以使晶体的频率达到标称值。这个电路选取不同的晶体，可使工作频率在十几千赫兹到几百千赫兹之间变化。

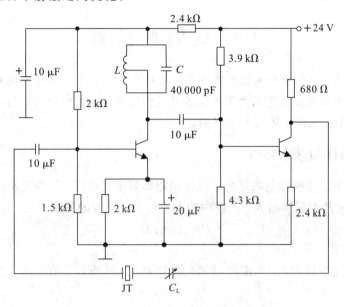

图 3.26　串联型晶体振荡器实例(一)

　　另一类串联型晶振电路是采用反馈型振荡电路的形式构成的，图 3.27(a)给出了一个实例，它的交流等效电路如图 3.27(b)所示。这种电路类似于电容反馈型 LC 振荡器，区别仅在于两个分压电容的抽头是经过石英谐振器接到晶体管发射极的，由此构成正反馈回路。C_1 与 C_2 并联，再与 C_3 串联，然后与 L 组成并联谐振回路，调谐在振荡频率上。

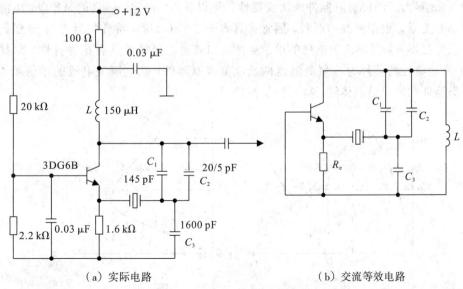

（a）实际电路　　　　　　　　　　（b）交流等效电路

图 3.27　串联型晶体振荡器实例(二)

当振荡频率等于石英晶体的串联谐振频率时，晶体等效为纯电阻，阻抗最小，正反馈最强，相移为0，满足相位起振条件。因此，串联型晶体振荡器的频率稳定度主要由石英谐振器来决定。在其他频率点上，晶体的阻抗将迅速增大，不能满足振荡条件。用图 3.27(a)所示电路中标出的元件数值，可得到 1 MHz 的振荡信号，适当选取电路参数，可使振荡频率高达几十兆赫兹。

3.7 负阻振荡器

前面已经指出，从能量平衡的角度来看，只要能够抵消振荡回路中的损耗，就可以使振荡维持下去。本节所要讨论的负阻振荡器就是根据能量平衡的原理，利用负阻器件抵消回路中的正阻损耗，从而产生自激振荡的。

3.7.1 负阻器件的基本特性

常见的电阻不论是线性电阻还是非线性电阻都属于正电阻，其特征是流过电阻的电流越大，其电阻两端的电压降越大，消耗的功率也越大。三者的关系为

$$P = \Delta I \cdot \Delta U \tag{3.43}$$

这里 $\Delta U = R \cdot \Delta I$。

流过负电阻的电流越大，电阻两端的电压降越小，故电流、电压增量的方向相反，两者的乘积为负值，即

$$\Delta U = -R \cdot \Delta I \tag{3.44}$$

正功率表示能量的损耗，负功率表示能量的产生，即负阻器件在一定条件下，不但不消耗交流能量，反而向外部电路提供交流能量。当然该交流能量并不存在于负阻器件内部，而是利用其能量交换特性，从保证电路工作的直流能量中取得，所以负阻振荡器同样是一个能量转换器。

图 3.28 示出了两种负阻器件的伏安特性。可以看出，在它们各自的 AB 段，电流电压呈负斜率的关系。根据曲线的形状，通常称具有图 3.28(a)所示特性的器件为 N 型负阻器件或电压控制器件，其电流为电压的单值函数，如隧道二极管就具有这种特性，称具有图 3.28(b)所示特性的器件为 S 型负阻器件或电流控制器件，其电压为电流的单值函数，属于这一类器件的有单结晶体管、硅可控整流器等。

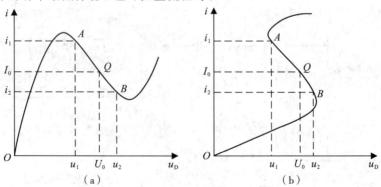

图 3.28 负阻器件的两种典型伏安特性曲线

目前，各种新型的负阻器件仍在不断地发明研制，并逐步应用于实际电路中。例如，固体微波振荡方面，用雪崩二极管、体效应二极管等负阻器件构成负阻振荡器，这种振荡器具有体积小、重量轻、耗电低、机械强度高等许多优点，取代了一些老式微波振荡器。

这里我们仅从负阻器件的外部特性说明负阻振荡电路的原理。下面以隧道二极管负阻振荡电路为例讨论这个问题。

负阻器件的工作参数用直流参数、微分参数来表示。在图 3.28(a) 中若选择 Q 点为器件的静态工作点，则其直流电阻 R_0 和微分电阻 r 可分别表示如下：

$$R_0 = \frac{U_0}{I_0} \tag{3.45}$$

$$r = \frac{\Delta u}{\Delta i} = -\frac{|u_2 - u_1|}{i_1 - i_2} \tag{3.46}$$

可见，尽管器件的交流电阻是负值，但其直流电阻是正值，这就说明负阻器件起着从直流电源中获取能量的作用。

负阻振荡器提供交流功率，但同时它要消耗直流功率，这就是说，为了从负阻获得交流功率，必须给予它适当的直流偏置，而直流电源提供偏置也就供给了负阻器件直流功率。这个功率的一部分转化为交流功率，即负阻器件向外电路提供的交流输出功率；另一部分则是器件消耗的功率。因此，具有负阻特性的器件并不能自动地产生交流功率，只有利用负阻器件组成一定的振荡电路，使它能够从直流电源中得到能量，再借助于动态电阻的作用，才能将直流能量转换为交流功率，这就是负阻振荡器的基本原理。

3.7.2　负阻振荡电路

负阻振荡器一般由负阻器件和选频网络两部分构成。为保证振荡器的正常工作，电流型负阻器件应与串联谐振回路相连接，电压型负阻器件则应与并联谐振回路相连接。下面讨论由隧道二极管构成的电压控制型负阻振荡器的工作原理。

隧道二极管在电路中的符号如图 3.29(a) 所示，其交流等效电路如图 3.29(b) 所示。图中动态负阻为 r_d，极间电容是 C_d，引线电感 L_s 和损耗电阻 r_s 都很小，一般可以忽略。

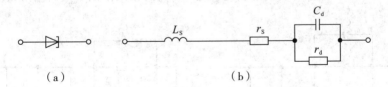

（a）　　　　　　　　　　　　　　　　　（b）

图 3.29　隧道二极管的电路符号与等效电路

隧道二极管振荡器的原理电路如图 3.30(a) 所示，直流电源 E_D 与 R_T 构成偏置电路，L、C 构成并联谐振回路，R_0 是谐振电阻，R_L 是负载电阻。如果 R_T 很小，不予考虑，则可以画出其交流等效电路如图 3.30(b) 所示。这里隧道二极管等效为负阻 r_d 与电容 C_d 并联，忽略了引线电感和损耗电阻。

设回路振荡电压有效值为 U，$R_L' = R_L /\!/ R_0$，则在 R_L' 上所消耗的功率为

$$|P_L| = \frac{U^2}{R_L'} \tag{3.47}$$

而负阻 r_d 可以提供的交流功率为

$$|P_d| = \frac{U^2}{r_d} \qquad (3.48)$$

在起振时，负阻提供的功率必须大于正阻消耗的功率，故要求

$$|P_d| > |P_L| \qquad (3.49)$$

或满足

$$R_L' > r_d \qquad (3.50)$$

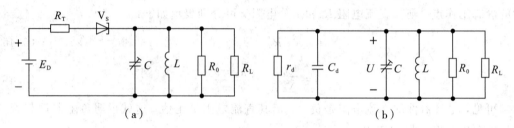

图 3.30　隧道二极管振荡器的原理电路

这就是图 3.30 所示电路的起振条件，r_d 与振荡强弱有关。由于负阻特性的非线性，r_d 随振幅增强而加大，直到满足

$$R_L' = r_d \qquad (3.51)$$

达到平衡状态，即满足平衡条件为止，此时正阻的作用与负阻的抵消。

显然，此电路的振荡频率近似等于 LC 并联谐振回路的谐振频率：

$$f_0 \approx \frac{1}{2\pi \sqrt{L(C+C_d)}} \qquad (3.52)$$

隧道二极管工作点的偏置电压一般约在一、二百毫伏数量级，这就需要直流电源的 E_D 值很低。直接取得很低的 E_D 不方便，可以由较高的 E_D 值经分压电阻取出。此外，为了减小隧道二极管极间电容 C_d 的不稳定性对电路的影响，在隧道二极管两端外接一个电容 C_1，这样振荡器电路如图 3.31(a)所示，它的交流等效电路如图 3.31(b)所示。图中，R 是 R_1 与 R_2 的并联值，由于 R_1 与 R_2 不是很小，因此 R 往往不能忽略，从而负阻 r_d 不仅要供给 R_L' 的损耗能量，还要抵消 R 引入的损耗。此外，C_1 的接入限制了最高振荡频率。

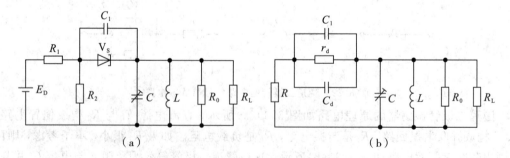

图 3.31　隧道二极管振荡电路

隧道二极管振荡电路虽很简单，但在微波波段中应用时结构问题非常重要，常用谐振腔或带状线作为其谐振回路。工作频率最高可达几千兆赫兹，体积小，耗电量低。它的缺点是功率输出小。近年来，在微波振荡技术方面其他新型负阻器件克服了这一缺点，使负阻振荡器的应用更为广泛。

3.8　压控振荡器

将等效电抗值随外加控制电压变化的可变电抗元件接到正弦波振荡器中，可使其振荡频率随外加控制电压的变化而变化，这种振荡器被称为压控振荡器。其中最常用的可变电抗元件是变容二极管。

压控振荡器简称 VCO，在频率调制、频率合成、锁相环电路、电视调谐器和频谱分析仪等方面有着广泛的应用。

3.8.1　变容二极管

变容二极管是利用 PN 结的结电容随反向电压变化这一特性制成的一种压控电抗元件，它的电路符号和反偏结电容随外加电压变化的曲线如图 3.32 所示。

变容二极管的结电容随外加反偏电压变化的特性是一个非线性函数，可表示为

$$C_j = \frac{C_j(0)}{\left(1 - \dfrac{u}{U_B}\right)^n} \tag{3.53}$$

其中，$C_j(0)$ 为零偏压下的二极管结电容($u=0$)，U_B 是 PN 结的内建电位差，n 是由半导体掺杂浓度和 PN 结结构决定的可变电容指数。对于理想化突变的 PN 结，n 近似为 $1/2$；对于缓变的 PN 结，n 近似为 $1/3$。

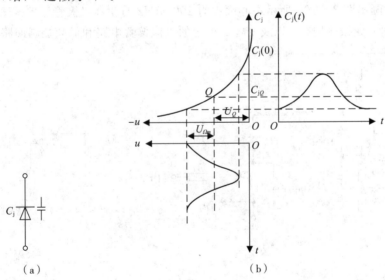

图 3.32　变容二极管的电路符号和结电容-电压曲线

变容二极管必须工作在反向偏压状态才有上述变容特性，所以工作时需加负的静态直流偏压 $-U_Q$。若交流控制电压 u_Ω 为正弦信号，则变容二极管上的电压为

$$u = -(U_Q + u_\Omega) = -(U_Q + U_{\Omega m}\cos\Omega t) \tag{3.54}$$

代入式(3.53)，有

$$C_j = \frac{C_{jQ}}{\left(1 + \dfrac{u_\Omega}{U_B + U_Q}\right)^n} = \frac{C_{jQ}}{(1 + m\cos\Omega t)^n} \tag{3.55}$$

其中静态结电容为

$$C_{jQ} = \frac{C_j(0)}{(1+\frac{U_Q}{U_B})^n} \tag{3.56}$$

结电容调制度为

$$m = \frac{U_{\Omega m}}{U_B + U_Q} < 1 \tag{3.57}$$

3.8.2 变容二极管压控振荡器

将变容二极管作为压控电容接入 LC 振荡器中，就组成了 LC 压控振荡器。通常采用的是各种形式的反馈型 LC 振荡电路。

需要注意的是，为了使变容二极管正常工作，不仅要提供静态直流反偏电压和低频交流控制电压外，还要想办法抑制高频振荡信号对直流偏压和低频控制电压的干扰。所以，在进行电路设计时，要适当采用高频扼流圈、旁路电容和隔直电容等。

分析压控振荡器时，必须正确地画出晶体管的高频振荡回路、变容二极管的直流偏置电路、低频控制回路。学会画这三个通路，将有助于我们将来学习第 5 章中的变容二极管直接调频电路。根据高频振荡回路可以判断振荡器的类型，并分析其能否正常工作；根据变容二极管的直流偏置电路和低频控制回路，可以知道加在变容二极管上的直流偏压和交流控制电压的情况。

例 3.3 画出图 3.33(a)所示中心频率为 100 MHz 的变容二极管压控振荡器中晶体管的直流通路和高频振荡回路，以及变容二极管的直流偏置电路和低频控制回路。

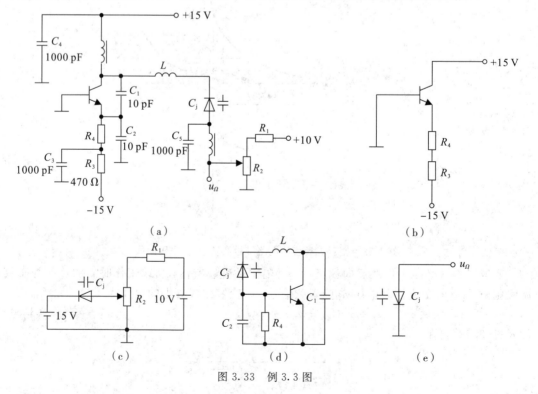

图 3.33 例 3.3 图

解　晶体管直流通路如图 3.33(b)所示，画的时候只需将所有电容开路、电感短路即可，变容二极管也应开路，因为它工作在反偏状态。

变容二极管的直流偏置电路如图 3.33(c)所示，画的时候需将与变容二极管有关的电容开路、电感短路。

画高频振荡回路与低频控制回路之前，我们应仔细分析每个电容与电感的作用。对于高频振荡回路，小电容是工作电容，大电容是耦合电容或旁路电容，小电感是工作电感，大电感是高频扼流圈。当然，变容二极管也是工作电容。

晶体管的高频振荡回路如图 3.33(d)所示，显然这是一个电容反馈型 LC 振荡器。画的时候保留小的工作电容与工作电感，将大的耦合电容与旁路电容短路，大的高频扼流圈开路，直流电源与地短路即可。

变容二极管的低频控制回路如图 3.33(e)所示，画的时候只需将与变容二极管有关的电感和高频扼流圈短路（因为低频时其感抗相对较小），电容方面除了数值较大的低频耦合电容和低频旁路电容外，其他电容都开路，直流电源与地短路即可。

3.8.3　射频 CMOS 压控振荡器

压控振荡器（VCO）是锁相环中最重要的模块之一。在无线收发机的所有单元电路中，CMOS 全集成的电感电容谐振压控振荡器（LC Voltage-Controlled Oscillator，LC - VCO）是近几年学术界和工业界研究中都得到较多关注的射频单元电路。压控振荡器最为重要的指标要求是低相位噪声、低功耗、宽调谐范围等。

为了改变 LC 振荡器的振荡频率，振荡器谐振回路的谐振频率必须能够变化。考虑到改变回路电感比较难，我们可通过变容二极管来改变回路的等效电容。MOS 变容二极管比 PN 结变容二极管更为常用，尤其在低电压设计时。因此我们构建的压控振荡器原理电路如图 3.34 所示，其中变容二极管 V_{U1}、V_{U2} 与谐振回路并联（如果 U_{cont} 由一个理想电压源提供）。注意，变容二极管的栅极与振荡节点连接，源极/漏极/N 阱与 U_{cont} 连接，这避免了 N 阱和衬底之间的电容加载到 X 和 Y。

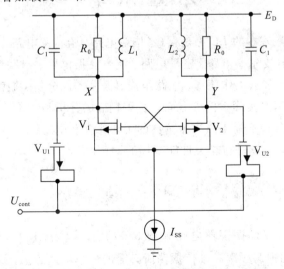

图 3.34　采用 MOS 变容二极管的压控振荡器原理电路

　　由于 V_{U1}、V_{U2} 的栅极电位保持在 E_D 上，因此其栅源电压仍然是正的，电容则随着 U_{cont} 从零增大到 E_D 而减小，如图 3.35 所示。这种特性甚至在 X 和 Y 处的大电压波动时仍然存在。这里的关键点是当 U_{cont} 从零增加到 E_D 时，通过每个变容二极管的平均电压将从 E_D 变为零，从而造成它们的电容单调递减。

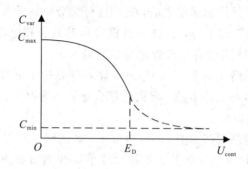

图 3.35　可变电容随控制电压 U_{cont} 变化的范围

振荡频率可以表示为

$$\omega_{osc} = \frac{1}{\sqrt{L_1(C_1 + C_{var})}} \tag{3.58}$$

其中，C_{var} 表示每个变容二极管的平均电容。

　　为什么在图 3.34 所示的压控振荡器中包含了电容 C_1？看起来如果没有 C_1，变容二极管可以使振荡频率在一个更大的范围里变化，从而可以提供一个更宽的调谐范围。因此，我们不需要故意添加一个固定电容到谐振回路。换句话说，C_1 模拟等效了不可避免地出现在 X 和 Y 处的电容：① C_{GS}、C_{GD}（有两个密勒乘法因子）和 V_1、V_2 的 C_{DS}；② 每个电感的寄生电容；③ 下一极的输入电容（如缓冲器、分压器或混频器）。由于从 PA 的输入端到上混频器的输入端之间的电容的"传播"，发送端的最后部分变得尤其重要。

本 章 小 结

　　在本章中我们对最基本的 LC 振荡器（考毕兹电路、哈特莱电路、克拉泼电路和西勒电路）、石英晶体振荡器（皮尔斯电路、密勒电路、泛音晶振电路、串联型晶振电路）、负阻振荡器和压控振荡器等，都从工作原理、电路组成、振荡条件分析、振荡参数计算、优缺点、可能的改进方法和最后的实际举例等方面进行了相应的分析和讨论。

　　希望读者能理解各种不同正弦波振荡器的工作原理和电路设计方法，在学习过程中掌握振荡器的分析技术，并能进行相关性能指标的计算。

习 　 题

　　3-1　电容反馈型 LC 振荡器电路如图 3.36 所示，$C_1 = 100$ pF，$C_2 = 200$ pF，$L = 30$ μH，计算该电路的振荡频率和维持振荡所必需的最小增益 A_{min}。

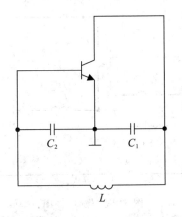

图 3.36 题 3-1 图

3-2 判断图 3.37 所示的反馈型 LC 振荡器交流通路中哪些有可能振荡，哪些不可能振荡。若可能振荡，请给出振荡器的类型和振荡条件；若不可能振荡，也请给出理由。

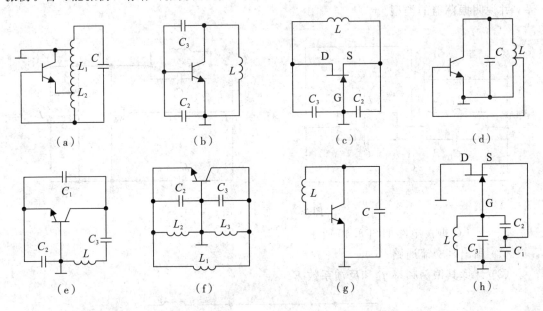

图 3.37 题 3-2 图

3-3 反馈型 LC 振荡器电路如图 3.38 所示，假设有以下六种情况：

(1) $L_1C_1 > L_3C_3 > L_2C_2$；

(2) $L_1C_1 < L_2C_2 < L_3C_3$；

(3) $L_1C_1 = L_2C_2 = L_3C_3$；

(4) $L_1C_1 = L_3C_3 > L_2C_2$；

(5) $L_1C_1 < L_2C_2 = L_3C_3$；

(6) $L_2C_2 > L_3C_3 > L_1C_1$。

请问哪几种情况可能振荡？属于哪种类型的振荡电路？其振荡频率与各回路的固有谐振频率之间是什么关系？

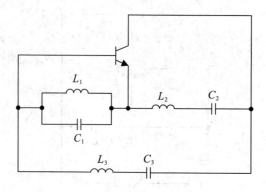

图 3.38　题 3-3 图

3-4　两个振荡器电路如图 3.39 所示，其中两个 LC 并联谐振回路的谐振频率分别是 $f_1 = \dfrac{1}{2\pi\sqrt{L_1 C_1}}$ 和 $f_2 = \dfrac{1}{2\pi\sqrt{L_2 C_2}}$，试分别求两个电路的振荡频率 f_0 与 f_1、f_2 之间的关系，并说明振荡器的类型。

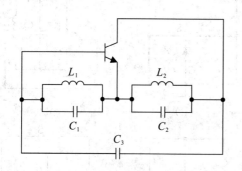
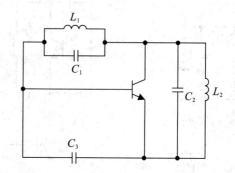

图 3.39　题 3-4 图

3-5　LC 振荡电路如图 3.40 所示。

（1）画出其交流通路；

（2）计算其振荡频率 f_0 和反馈系数 F。

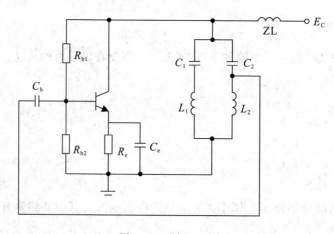

图 3.40　题 3-5 图

3－6　振荡电路如图 3.41 所示。

(1) 画出其交流通路，说明振荡器的类型；

(2) 计算振荡频率 f_0。

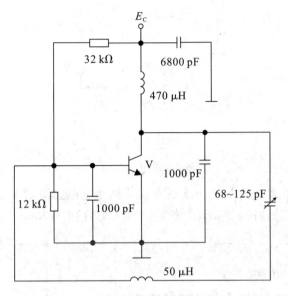

图 3.41　题 3－6 图

3－7　图 3.42 为 25 MHz 的晶体振荡器电路，试画出其交流通路，说明晶体的作用，并计算反馈系数。

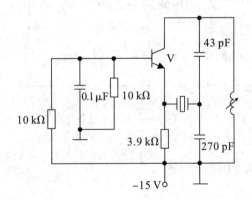

图 3.42　题 3－7 图

3－8　试画出同时满足下列要求的一个实用晶体振荡电路：

(1) 采用 NPN 管；

(2) 晶体作为电感元件；

(3) 晶体管 c、e 极之间为 LC 并联回路；

(4) 晶体管发射极交流接地。

3－9　在图 3.43 所示的晶体振荡器电路中，已知晶体与 C_1 构成并联谐振回路，其谐振电阻 $R_0 = 80$ kΩ，$R_f / R_1 = 2$。

(1) 分析晶体的作用；

（2）为满足起振条件，R_2 应小于多少？（设集成运放是理想的）

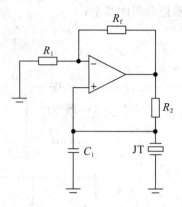

图 3.43　题 3－9 图

3－10　振荡频率为 5 MHz 的三次泛音晶体振荡电路如图 3.44 所示，试画出其交流通路，并说明其中 LC 回路（4.7 μH 电感与 330 pF 电容）的作用。

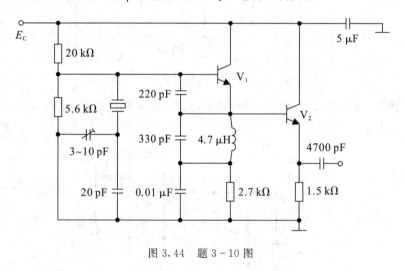

图 3.44　题 3－10 图

第 4 章　振幅调制、解调与混频

4.1　概　　述

调制电路和解调电路是通信系统的重要组成部分。正如第 1 章所述，为了有效地使发射机发送信号，接收机接收信号，就必须进行调制和解调。

在实际通信系统中，作为一种更有效的通信方式，往往需要同时传输多个信号。典型的无线传输系统通常需要两类信号：高频载波信号和低频调制信号。前者代表发射的载体，后者代表要发送的原始信息。通过发射机，用代表原始信息的低频信号去调制高频载波，再由接收机去解调，即可恢复出原始信息。

在通信电子线路中，调制意味着用代表原始信息的低频调制信号（如音频信号表示声音，视频信号表示图像）去控制高频载波幅度、频率或相位的变化。因此，载波可以携带信息。当经过了调制的载波到达目的地时，再通过解调即可从已调制载波中提取出原始信息。

因此，我们可以总结出调制的目的是：① 实现实际的无线信号传输；② 利用载波实现高效多路传输；③ 将低频信息嵌入到高频载波中。

根据所采用的载波波形不同，调制可分为连续波（正弦波）调制和脉冲波调制。本书只涉及正弦波调制。正弦波调制以高频正弦波为载波，利用低频调制信号去控制高频正弦载波的幅度、频率或相位。因此，有三种基本的经典调制方法：幅度调制（AM）（在本章中介绍）、频率调制（FM）和相位调制（PM）（将在第 5 章中介绍）。

幅度调制（AM）是通信电子线路的一种调制方法，通常用于通过无线电波传输信息。今天，它仍然存在于多种形式的通信电子设备中，如便携式收音机的中波调幅无线电广播、移动电话和计算机等。

在幅度调制中，载波振荡的幅度或信号强度是变化的。例如，在标准（或普通）AM 无线电通信中，连续波射频信号（正弦载波）在传输之前由音频信号对其幅度进行调制。音频信号添加到载波的幅度上，形成已调波形的包络，使高频载波的幅度随音频调制信号的变化而变化。

顾名思义，与幅度调制不同，频率调制是载波信号的频率随调制信号的变化而变化，相位调制是载波信号的相位随调制信号的变化而变化。

解调是调制的逆过程。通过解调，低频调制信号可以从高频已调波中被还原和恢复。与三种调制方式相对应地也有三种解调方式：幅度解调（在本章中介绍）、频率解调和相位解调（将在第 5 章中介绍）。

混频是把两个不同频率的电信号进行混合，通过选频回路得到第三个频率的信号的过程。完成此过程的装置叫作混频器。也就是说，混频是将两个不同频率的振荡信号变换成一个与两者都相关的新振荡信号，新振荡频率为上述两个不同频率之和或之差。若本机振荡与混频在同一非线性器件上实现，则又称为变频。

调制、解调与混频的本质都是频率变换，其特点是输出信号产生了与输入信号频率不同的新的频率分量。频率变换的目的是对输入信号的频谱进行变换，以获得期望的输出信号频谱。

从频谱的不同变换来看，频率变换电路又可以分为两类：频谱的线性搬移电路和频谱的非线性变换电路。本章要介绍的幅度调制、解调和混频电路均属于频谱的线性搬移电路，将在第 5 章介绍的频率调制、解调电路和相位调制、解调电路则都属于频谱的非线性变换电路。

为了实现频率变换，必须使用二极管、三极管或场效应管等非线性电子器件。近年来，集成电路在模拟通信中得到了广泛的应用，调制器、解调器和混频器也都可以通过集成模拟乘法器来实现。

本章将从时域和频域分别介绍幅度调制、解调与混频的基本特性，然后介绍相关的电路组成和工作原理。由于混频和调幅、解调均属于频谱的线性搬移电路，因此混频也放在本章中介绍。

4.2　调幅信号分析

调幅是利用低频调制信号来控制高频载波信号的幅度，使载波的振幅随调制信号的变化而成比例地变化。幅度受到了调制的高频载波称为调幅波。

调幅信号分析

根据不同的输出频谱结构，调幅波可分为三种：标准（或普通）调幅波（AM）、抑制载波的双边带调幅波（DSB/SC - AM）和单边带调幅波（SSB/SC - AM）。

4.2.1　标准（或普通）调幅波（AM 波）

标准调幅又称为普通调幅，是载波振幅调制的最简单形式。标准调幅波的包络随调制信号的变化而线性地变化，因此，它是将基带调制信号即携带信息的信号（如语音信号）线性地加载到载波信号的幅度上而形成的。要注意的是，一般复杂的调制信号由多个单音频信号组成。下面以单音调制信号为例来推导标准调幅波的数学表达式。

1. 标准调幅波（AM 波）的数学表达式

假设低频调制信号为单音余弦信号：

$$u_\Omega(t) = U_{\Omega m} \cos\Omega t = U_{\Omega m} \cos 2\pi F t \tag{4.1}$$

高频载波信号为

$$u_c(t) = U_{cm} \cos\omega_c t = U_{cm} \cos 2\pi f_c t \tag{4.2}$$

其中，$U_{\Omega m}$ 是调制信号的最大幅度，Ω 是调制角频率，F 是调制频率；U_{cm} 是载波的最大幅度，ω_c 是载波角频率，f_c 是载波频率。为了简化分析，令调制信号和载波信号的初始相位均为 0。

由于标准调幅波的振幅随调制信号的变化而线性变化，而载波频率不变，因此可得标准调幅波的数学表达式为

$$u_{AM}(t)=(U_{cm}+k_a U_{\Omega m}\cos\Omega t)\cos\omega_c t$$

$$=U_{cm}\left(1+k_a\frac{U_{\Omega m}}{U_{cm}}\cos\Omega t\right)\cos\omega_c t$$

$$=U_{cm}(1+m_a\cos\Omega t)\cos\omega_c t \tag{4.3}$$

其中，$m_a=k_a U_{\Omega m}/U_{cm}$ 为调幅系数或调幅度，它表明载波振幅受到调制的程度；k_a 为比例常数，一般由调幅电路决定。

2. 标准调幅波（AM 波）的波形

根据式(4.3)，我们可以画出如图 4.1 所示的标准调幅波的波形。由图 4.1 可见，标准调幅波也是一种高频振荡，其振幅变化(即包络变化)与调制信号完全一致。因此，标准调幅波携带原始调制信号的信息。

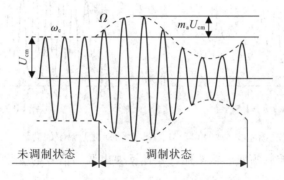

图 4.1　标准调幅波的波形

由图 4.1 可得，包络的最大值 U_{max} 和最小值 U_{min} 分别为

$$U_{max}=U_{cm}(1+m_a) \tag{4.4}$$

$$U_{min}=U_{cm}(1-m_a) \tag{4.5}$$

根据式(4.4)和式(4.5)，可得标准调幅波的调幅系数为

$$m_a=\frac{U_{max}-U_{min}}{U_{max}+U_{min}} \tag{4.6}$$

标准调幅波的调幅系数 m_a 是一个重要的通信参数，它表示调制信号与载波信号最大振幅的比值。当载波不被调制时，$m_a=0$；m_a 值越大，载波幅度被调制的程度(即包络幅度)越深；当 $m_a=1$ 时，m_a 值达到最大，此时为 100% 标准调幅波。为了高效进行功率传输和提高信噪比，希望调制信号的幅度相对于载波的幅度尽可能高。

图 4.2 显示了不同 m_a 值时的标准调幅波的波形。如果载波的最大振幅大于调制信号的幅度，即 $m_a<1$，则包络是原始信息的真实反映(在这种情况下，包络是一个不失真的正弦形状，见图 4.2(a))。如果载波的最大振幅等于调制信号的幅值，即 $m_a=1$，则包络仍为不失真的正弦波，依然反映了调制信号的变化规律，见图 4.2(b)。

当 $0<m_a\leqslant1$ 时，标准调幅信号有两个对称的包络，一个是正的，另一个是负的，携带相同的信息。只要两个包络保持分离且不重叠(正包络保持正值，负包络保持负值)，就可以从这两个包络中的任何一个恢复出原始信息。

然而，当调幅系数 $m_a>1$ 时，正、负两个包络发生重叠(见图 4.2(c))，携带的原始信息产生严重的失真。正、负包络部分交叉重叠导致信号削波，这被称为"过调制"，此时的包络看起来像一个削波的正弦曲线(见图4.2(d)),不再反映调制信号的变化,这是应该避免的。

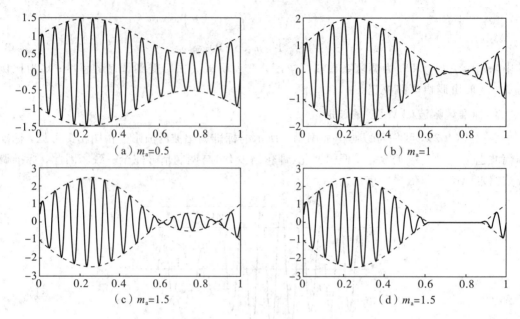

图 4.2　m_a＝0.5、1、1.5 时的标准调幅波的波形

可见,为了使标准调幅波的振幅能真实地反映出调制信号的变化规律,调幅系数 m_a 应小于或等于1。

3. 标准调幅波(AM波)的频谱

由式(4.3)可知,幅度调制可以通过时域里的乘法运算来实现。将式(4.3)进一步展开可得

$$u_{AM}(t)=U_{cm}(1+m_a\cos\Omega t)\cos\omega_c t$$

$$=U_{cm}\cos\omega_c t+\frac{1}{2}m_a U_{cm}\cos(\omega_c+\Omega)t+\frac{1}{2}m_a U_{cm}\cos(\omega_c-\Omega)t \qquad (4.7)$$

因此,单音调制的标准调幅信号的频率含量包含载频 ω_c 和两个边频,即上边频($\omega_c+\Omega$)和下边频($\omega_c-\Omega$)。需要注意的是,边频分量的幅度是载波幅度乘以 $m_a/2$,这意味着(在 $m_a=1$ 的最佳情况下)边频的最大幅度是载波幅度的一半。

将上述载频和一对边频分量画出来,就构成了标准调幅波的频谱图,如图4.3所示。

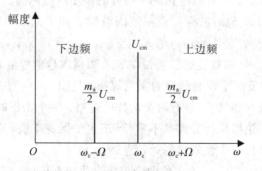

图 4.3　标准 AM 波的频谱图

图 4.3 表明，标准调幅的过程是将低频调制信号的频谱搬移到高频载波分量的两侧，即在频域上是一个线性的频谱搬移过程。显然，在标准调幅波中，载波不包含任何有用的信息，要传输的信息只包含在两个边带中。

我们还观察到，对于调制频率是 Ω 的单音调制信号，标准调幅信号占据的带宽 $B = 2\Omega$，且以载波频率为中心。

实际上，调制信号通常不是单音的正弦波，而是包含多个频率分量的复杂信号。在多音调制中，如果载波被多个不同调制频率的信号(Ω_1，Ω_2，$\cdots$，Ω_{max})调制，则标准调幅波的方程为

$$u_{AM}(t) = U_{cm}(1 + m_{a1}\cos\Omega_1 t + m_{a2}\cos\Omega_2 t + \cdots + m_{an}\cos\Omega_{max}t)\cos\omega_c t$$

$$= U_{cm}\cos\omega_c t + \frac{m_{a1}}{2}U_{cm}\cos(\omega_c + \Omega_1)t + \frac{m_{a1}}{2}U_{cm}\cos(\omega_c - \Omega_1)t$$

$$+ \frac{m_{a2}}{2}U_{cm}\cos(\omega_c + \Omega_2)t + \frac{m_{a2}}{2}U_{cm}\cos(\omega_c - \Omega_2)t + \cdots$$

$$+ \frac{m_{an}}{2}U_{cm}\cos(\omega_c + \Omega_{max})t + \frac{m_{an}}{2}U_{cm}\cos(\omega_c - \Omega_{max})t \tag{4.8}$$

显然，它包含一个载波频率分量和一系列上、下边频分量，总带宽是最大调制频率的两倍，即 $B = 2F_{max}$。

4. 标准调幅波(AM 波)的功率

如果将标准调幅波电压加到负载电阻 R_L 上，则负载电阻 R_L 吸收的功率是每个正弦分量单独作用时的功率之和。根据式(4.7)，我们可以写出在 R_L 上获得的功率，它由三部分组成：

载波功率：

$$P_c = \frac{U_{cm}^2}{2R_L} \tag{4.9}$$

上边频功率：

$$P_1 = \frac{1}{2}\left(\frac{m_a}{2}U_{cm}\right)^2\frac{1}{R_L} = \frac{1}{8}\frac{m_a^2 U_{cm}^2}{R_L} = \frac{1}{4}m_a^2 P_c \tag{4.10}$$

下边频功率：

$$P_2 = \frac{1}{2}\left(\frac{m_a}{2}U_{cm}\right)^2\frac{1}{R_L} = \frac{1}{8}\frac{m_a^2 U_{cm}^2}{R_L} = \frac{1}{4}m_a^2 P_c \tag{4.11}$$

因此，标准调幅波在调制信号一个周期内的平均功率为

$$P = P_c + P_1 + P_2 = P_c\left(1 + \frac{m_a^2}{2}\right) \tag{4.12}$$

式(4.12)表明，边频功率随 m_a 的增大而增大。当 $m_a = 1$ 时，边频功率最大，所需的最大总平均功率 $P = 1.5P_c$，而每个边带功率最大仅为载波功率的 1/4。这样即使对于 100% 的标准调幅波，即 $m_a = 1$，每个边带(包含有用信息)仅占总功率的 1/6，而总功率的 2/3 消耗在不含任何信息的载波上。

换句话说，通过标准调幅，发射机的大部分发射功率被不含信息的载波所占用。显然，这是非常不经济的。然而，由于调制设备简单，尤其是解调简单，易于接收，因此标准调幅在某些领域仍得到了广泛的应用。

虽然上面的分析集中在单音调制上，但我们知道，非正弦调制信号由若干个正弦波组成，故多音复杂调制的总体平均功率是多个单音平均功率的总和：

$$P = P_c \left(1 + \frac{m_{a1}^2}{2} + \frac{m_{a2}^2}{2} + \cdots + \frac{m_{an}^2}{2} \right) \tag{4.13}$$

其中，$m_{ai}(i = 1, 2, \cdots, n)$ 是多音基带信号对应的调幅系数。

4.2.2 抑制载波的双边带调幅波（DSB 波）

由于载波不包含发送的信息，因此为了节省发射功率，我们可以在发射前将不含信息的载波先抑制掉，仅发送两个包含信息的上边带和下边带，这种调幅方式被称为抑制载波的双边带调幅。

双边带调幅信号可以通过载波信号和调制信号直接相乘而得到，其表示式为

$$u_{\mathrm{DSB}}(t) = Au_\Omega u_c = AU_{\Omega m}\cos\Omega t \cdot U_{cm}\cos\omega_c t$$

$$= \frac{1}{2}AU_{\Omega m}U_{cm}\left[\cos(\omega_c + \Omega)t + \cos(\omega_c - \Omega)t\right] \tag{4.14}$$

其中，A 是由调幅电路决定的相乘系数。

由式(4.14)可知，$AU_{\Omega m}U_{cm}\cos\Omega t$ 是 DSB 信号的幅值，与调制信号成正比。DSB 信号的幅值随调制信号的变化而变化，不是基于载波振幅 U_{cm}，而是基于零，可以是正的，也可以是负的。因此，当调制信号从正半周进入负半周，即调制电压正负交替过零点时，相应的高频载波振荡的相位将发生 180° 的突变。

DSB 信号的波形如图 4.4 所示。可见，其包络已不再反映调制信号的变化规律。

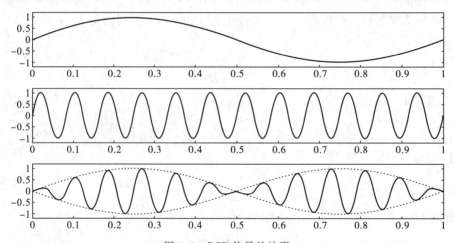

图 4.4 DSB 信号的波形

DSB 信号的频谱如图 4.5 所示。可见，信号的频谱仍然集中在载波频率的两侧，保持了频谱的线性搬移特性，所占用的频带带宽为 $B = 2\,\Omega$。

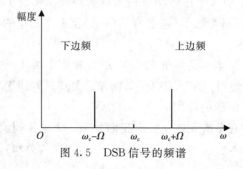

图 4.5 DSB 信号的频谱

4.2.3　抑制载波的单边带调幅波(SSB 波)

通过对 DSB 信号频谱的观察，我们可以发现 DSB 信号的上、下边带都反映了调制信号的频谱结构，因此它们都包含调制信号的信息。从信息传输的角度来看，可以进一步抑制其中一个边带(上边带或下边带)，只发送另一个边带(下边带或上边带)。这不仅可以进一步节省发射功率，而且使信号占据的带宽减少为原来的一半，这对信道极其拥挤的短波通信是非常有利的。

这种抑制载波和其中一个边带，而只发射另一个边带的幅度调制方式称为单边带调幅，通常以 SSB 表示。将调制信号 u_Ω 和载波信号 u_c 通过乘法器相乘，获得抑制载波的 DSB 信号，再通过带通滤波器对 DSB 信号进行滤波，可从中过滤出单边带信号(上边带或下边带)。

根据式(4.14)可知，经过边带滤波器滤除一个边带后，可以得到

上边带信号：

$$u_{SSBH} = \frac{1}{2} A U_{\Omega m} U_{cm} \cos(\omega_c + \Omega)t \tag{4.15}$$

下边带信号：

$$u_{SSBL} = \frac{1}{2} A U_{\Omega m} U_{cm} \cos(\omega_c - \Omega)t \tag{4.16}$$

由式(4.15)和式(4.16)可以看出，SSB 信号的幅值与调制信号的幅值 $U_{\Omega m}$ 成正比，其频率随调制信号的频率而变化。

图 4.6 给出了三种调幅信号在单音或多音调制下的波形图和频谱图。

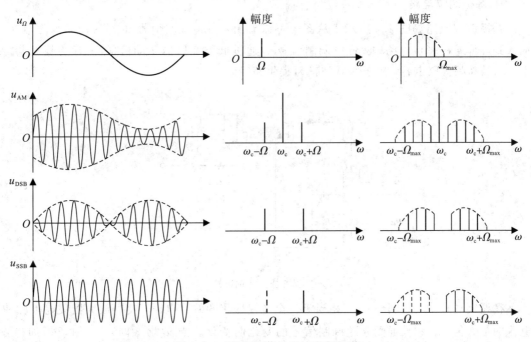

图 4.6　三种调幅信号的波形和频谱

4.3 振幅调制电路

在无线电发射机中,根据产生的调幅波功率电平的高低,可将调幅电路分为两类:高电平调幅和低电平调幅。前者通常用在发射机的末级,直接产生满足输出功率要求的调幅波;后者通常用在发射机的前端,产生小功率调幅波,然后通过线性功率放大器将其放大,以达到所需的发射功率电平。

标准调幅波通常由高电平调幅电路产生,它的优点是不需要采用低效率的线性放大器,可采用高效率的 C 类谐振功率放大器来提高整个发射机的效率,但它必须考虑输出功率、效率和调制线性度等要求。低电平调幅电路的优点是调制器功率小,电路简单。由于其输出功率小,因此常用于双边带调制和低电平输出系统,如信号发生器等。

4.3.1 高电平调幅电路

高电平调幅电路是以调谐功率放大器为基础构成的。实际上,它是一种输出电压幅值由调制信号控制的调谐功率放大器。大多数现代、高效、低功耗、电池供电的无线设备在发射阶段都使用 C 类功率放大器(或其他一些开关功率放大器)。在调幅广播发射机中使用 C 类功率放大器的主要优点之一是只需对最后一级进行调制,所有前置级都可以在一个恒定的信号电平上来驱动。

根据调制信号注入调制器的模式不同,高电平调幅电路可分为基极调幅和集电极调幅两种。

1. 基极调幅电路

基极调幅电路如图 4.7 所示。从图中可以看出,高频载波信号 u_ω 通过高频变压器 T_1 加入到晶体管的基极电路中,低频调制信号 u_Ω 通过低频变压器 T_2 加到晶体管的基极电路中,C_b 是高频旁路电容,用于为载波信号提供路径。

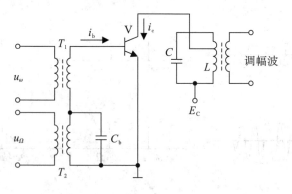

图 4.7 基极调幅电路

在调制过程中,调制信号 u_Ω 相当于一个缓慢变化的偏置电压,使得放大器集电极脉冲电流的最大值 i_{cmax} 和导通角 θ 随调制信号的变化而变化。当 u_Ω 增大时,i_{cmax} 和 θ 增加;当 u_Ω 减小时,i_{cmax} 和 θ 减小。因此,输出电压的幅值变化反映了调制信号的变化。

晶体管集电极电流 i_c 的波形和集电极调谐回路的输出电压 u_{ce} 的波形如图 4.8 所示。

当集电极谐振回路调谐到载波频率 f_c 时，放大器的输出将得到调幅波。

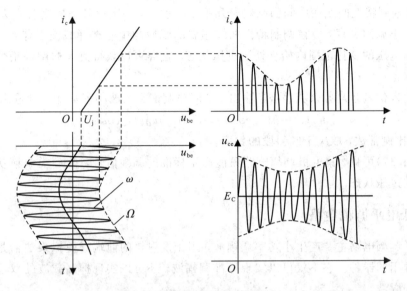

图 4.8　基极调幅的电流、电压波形

　　在第 2 章中，我们学习了 C 类调谐功率放大器的基极调制特性，从图 2.23 中可以看出，基极调制特性曲线在中间的倾斜段近似线性，而上段和下段则有较大的弯曲。上段弯曲是由于放大器过压工作，下段弯曲是由晶体管输入特性的起始部分弯曲所引起的。

　　为了减小调制失真，应在调制特性曲线倾斜的线性段的中心选择载波工作点，使调制放大器在调制电压的变化范围内始终处于欠压状态，这样才可以获得更大的调幅系数和更好的线性调幅。

　　由于调制电压是叠加在基极直流偏置电压上的，因此基极调幅电路只能产生标准的调幅信号，且 C 类调谐功率放大器必须工作在欠压状态。

2. 集电极调幅电路

　　集电极调幅电路如图 4.9 所示。高频载波信号仍然从基极添加，而调制信号 u_Ω 经变压器加到集电极回路，R_1、C_1 构成基极自给偏置。通过变压器的耦合，调制信号 u_Ω 与集电极电源 E_c 串联，可以看作一种缓慢变化的电压源 $E_{CC}(E_{CC} = E_c + u_\Omega)$。

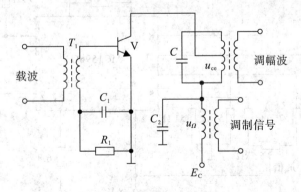

图 4.9　集电极调幅电路

在第 2 章中我们学习了 C 类谐振功率放大器的集电极调制特性。从图 2.22 中可以看出，集电极调制特性曲线在中间的倾斜段几乎是线性的，而上段和下段则有很大的弯曲。

为了减小调制失真，应在调制特性曲线倾斜的线段的中心选择载波工作点，使调制放大器在调制电压的变化范围内始终处于过压状态，这样可以获得更大的调幅指数和更好的线性调幅。

如果输入信号是高频余弦载波，输出 LC 回路调谐到载波频率 ω_c 上，则输出电压为

$$u_{ce}(t)=kE_{CC}\cos\omega_c t=k[E_C+u_\Omega(t)]\cos\omega_c t \tag{4.17}$$

其中，k 为比例常数，取决于倾斜段的斜率。

由式(4.17)可见，集电极调幅电路只能产生标准的调幅信号，且 C 类调谐功率放大器必须工作在过压状态。

4.3.2　低电平调幅电路

低电平调幅电路主要产生小功率调幅波，用于发射机的前端。模拟乘法器是低电平调幅电路中常用的器件。它不仅可以实现标准调幅波，还可以实现抑制载波的双边带调幅波和单边带调幅波。

低电平调幅的主要缺点之一是调制后必须采用线性放大器。线性放大器在功率传输方面效率相对较低，因此低电平调幅不适用于商业广播电台的高功率射频发射机或现代电池供电的无线设备。

下面介绍两种常用的低电平调幅电路。

1. 集成模拟相乘器调幅电路

集成模拟相乘器芯片 MC1596G 可用于产生标准调幅波。如图 4.10 所示，调制信号从引脚 1 加入，载波信号从引脚 10 加入，调幅信号通过 $0.1~\mu\text{F}$ 电容由引脚 6 输出。在引脚 1 和引脚 4 之间使用 $51~\text{k}\Omega$ 电位器来改变叠加在调制信号上的直流电平，可调节标准调幅波的调幅系数 m_a 的大小。

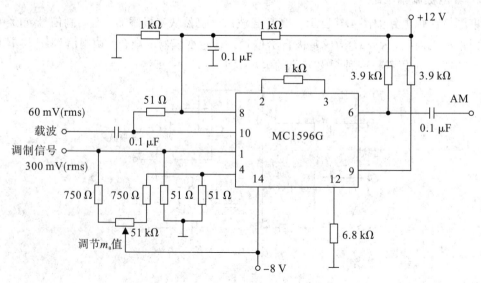

图 4.10　集成模拟相乘器调幅电路

图 4.10 所示的电路不仅可以产生标准调幅波，还可产生抑制载波的双边带调幅信号和单边带调幅信号。不同之处在于，调整电位器使引脚 1 与引脚 4 之间的直流电位差为 0，即引脚 1 的输入仅为交流调制信号，此时调制信号和载波信号通过集成模拟相乘器直接相乘，可获得抑制载波的 DSB 信号，然后通过带通滤波器对其中一个边带进行滤波，就可得到单边带信号(上边带或下边带)。

为了减小流过电位器的电流，方便准确地设置零点，可以增加电阻的阻值，比如将两个 750 Ω 电阻分别提高到每个 10 kΩ。

2. 二极管环形调幅电路

二极管环形调幅电路又称为二极管双平衡电路，主要用于产生抑制载波的调幅信号。

如图 4.11(a)所示，该电路由四个特性相同的二极管组成，载波 u_c 加到变压器 T_1 的初级线圈上，调制信号 u_Ω 加在变压器 T_1 的次级线圈的中点和变压器 T_2 的初级线圈的中点之间，变压器 T_2 的次级线圈输出调幅信号。图 4.11(a)的等效电路如图 4.11(b)所示。

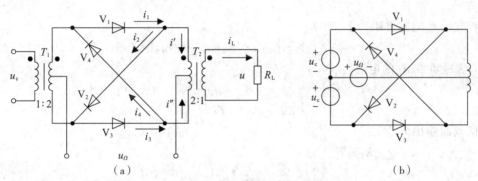

图 4.11 二极管环形调幅电路

假设调制信号为

$$u_\Omega(t) = U_{\Omega m}\cos\Omega t \tag{4.18}$$

载波信号为

$$u_c(t) = U_{cm}\cos\omega_c t \tag{4.19}$$

二极管环形调幅电路既可以工作在小信号状态，也可以工作在大信号状态。通常载波信号的幅值很大，控制二极管工作在开关状态，而调制信号的幅度很小。

当 u_c 处于正半周时，V_1、V_2 导通，V_3、V_4 截止；当 u_c 处于负半周时，V_3、V_4 导通，V_1、V_2 截止。为了方便分析二极管导通后的电流，根据图 4.11(b)画出相应的等效电路，如图 4.12 所示。

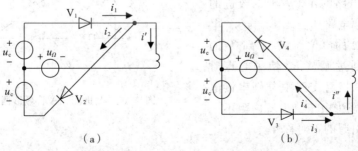

图 4.12 当 $u_c > 0$ 和 $u_c < 0$ 时的等效电路

当 $u_c>0$ 时，如图 4.12(a)所示，V_1、V_2 导通，且工作在开关状态，忽略负载效应，我们可以写出电流 i_1 和 i_2 的方程：

$$i_1=g_d K_1(\omega_c t)(u_c+u_\Omega) \tag{4.20}$$

$$i_2=g_d K_1(\omega_c t)(u_c-u_\Omega) \tag{4.21}$$

其中，g_d 为二极管的导通电导，$K_1(\omega_c t)$ 为单向开关函数。

根据节点电流定律，可以得到

$$i'=i_1-i_2=2g_d K_1(\omega_c t)u_\Omega \tag{4.22}$$

同理，当 $u_c<0$ 时，如图 4.12(b)所示，V_3、V_4 导通，且工作在开关状态，忽略负载效应，我们可以写出电流 i_3 和 i_4 的方程：

$$i_3=-g_d K_1(\omega_c t+\pi)(u_c-u_\Omega) \tag{4.23}$$

$$i_4=-g_d K_1(\omega_c t+\pi)(u_c+u_\Omega) \tag{4.24}$$

要注意的是，由于 V_3、V_4 在 u_c 处于负半周时导通，因此相应地开关函数为 $K_1(\omega_c t+\pi)$。

根据节点电流定律，可以得到

$$i''=i_3-i_4=2g_d K_1(\omega_c t+\pi)u_\Omega \tag{4.25}$$

因此，流过负载 R_L 的电流为

$$i_L=i'-i''=2g_d u_\Omega[K_1(\omega_c t)-K_1(\omega_c t+\pi)]$$
$$=2g_d u_\Omega K_2(\omega_c t) \tag{4.26}$$

负载两端的输出电压为

$$u=2g_d R_L u_\Omega K_2(\omega_c t)$$
$$=2g_d R_L U_{\Omega m}\cos\Omega t \cdot \frac{4}{\pi}\left[\cos\omega_c t-\frac{1}{3}\cos3\omega_c t+\frac{1}{5}\cos5\omega_c t+\cdots\right] \tag{4.27}$$

由式(4.27)可以看出，二极管环形调制器的输出电压中包含 $(2n-1)\omega_c\pm\Omega$ 对边频分量，没有载波分量。因此，如果在调制器输出端增加一个带通滤波器(中心频率为 ω_c，带宽 $>2\Omega$)，则可获得抑制载波的双边带调幅信号。

如果在图 4.11 中交换载波和调制信号的接入位置，则也可以实现调幅功能，分析方法与上述相似，不再重复。

从以上分析可知，变压器 T_1 和 T_2 的中心抽头必须是严格对称的，四个二极管的特性也应该是相同的，否则将不能完全抑制载波，造成不必要的泄漏。

为了消除电路的不对称性，改进的二极管环形调幅电路如图 4.13 所示，电阻为 $50\sim100\ \Omega$ 的电位器 R_p 加到 T_2 的中心抽头处，通过调整 R_p 使中心点对称，并在四个二极管支路中分别串接电阻 $R_1\sim R_4$，以减少由于二极管内阻不一致和不稳定所引起的不对称性。

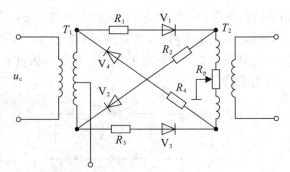

图 4.13 改进的二极管环形调幅电路

4.4　振幅解调电路

当已调信号到达接收天线时，接收机必须以某种方式提取出发送的原始信息，并将其与高频载波信号分离。这种信息恢复的过程称为解调或检波。解调的过程实质上就是调制的逆过程。

振幅解调和振幅调制类似，也是一个频谱线性搬移的过程，但和振幅调制不同，它是一个频谱反向搬移的过程。利用非线性器件的相乘作用，可实现将调幅信号的频谱从载波频率 ω_c 的两边搬移回零频率，回到其在频域的初始位置。

振幅解调电路可分为两类：包络检波电路和同步检波电路。包络检波电路只能解调标准调幅信号，而同步检波电路可以检波各种调幅信号。

在包络检波电路中，通常采用的是二极管大信号峰值包络检波器。二极管包络检波器要避免在小信号状态下工作，因为在输入小信号时，实现的是平方律检波，将产生严重的非线性失真，是振幅解调所要避免的。

4.4.1　二极管大信号峰值包络检波电路

图 4.14 给出了二极管大信号峰值包络检波器的原理图。图中，输入信号的电压幅值一般大于 500 mV，因此检波二极管处于开关工作状态。

包络检波器原理
及性能指标

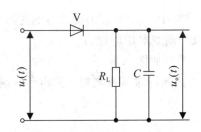

图 4.14　大信号包络检波电路

1. 工作原理

如图 4.15 所示，通过分析信号波形在时域上的变化，可以说明二极管大信号峰值包络检波器的工作原理。

假设二极管的导通电压为零，当输入信号 $u_i(t)$ 为正时，二极管导通，信号通过二极管向电容 C 充电，输出电压 $u_o(t)$ 随充电电压的增加而增大。当 $u_i(t)$ 减小且小于 $u_o(t)$ 时，二极管反向截止，并停止向电容器 C 充电，此时 $u_o(t)$ 通过电阻 R_L 放电，并随放电而减小。

充电时，二极管的正向导通电阻 r_D 较小，充电较快，$u_o(t)$ 以接近 $u_i(t)$ 的上升速率增加。在放电过程中，由于电阻 R_L 远大于 r_D（通常 $R_L = 5 \sim 10$ kΩ），放电速度慢，因此 $u_o(t)$ 的波动很小，$u_o(t)$ 几乎接近 $u_i(t)$ 的幅值。

如果 $u_i(t)$ 是高频等幅波，则 $u_o(t)$ 就是直流电压 U_0（忽略少量的高频分量），这正是带有滤波电容的整流电路。

当输入信号 $u_i(t)$ 的幅值增大或减小时，检波器的输出电压 $u_o(t)$ 也随之成正比例地增大或减小。当输入信号 $u_i(t)$ 为标准调幅波时，检波器的输出电压 $u_o(t)$ 随调幅波包络的变化而变化，从而得到调制信号，完成检波作用。由于输出电压 $u_o(t)$ 的大小接近输入电压 $u_i(t)$ 的峰值，因此把该检波器称为峰值包络检波器。

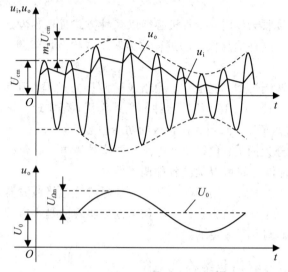

图 4.15 大信号包络检波原理

2. 性能指标

1）检波效率

检波效率又称电压传输系数，用 η_d 表示，是检波器的主要性能指标之一。它用于描述检波器将高频调幅波转换为低频调制电压的能力。

包络检波器的输入和输出波形如图 4.16 所示。当输入是高频等幅波时，输出是直流电压，如图 4.16(a) 所示；当输入是标准调幅波时，输出是调制信号，如图 4.16(b) 所示。

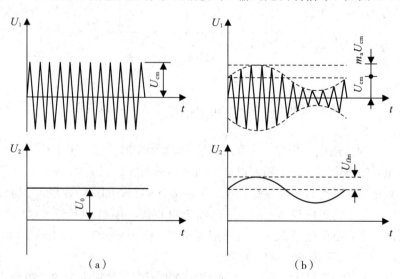

（a）　　　　　　　　　　　（b）

图 4.16 包络检波器的输入、输出波形

当检波器输入电压幅值为 U_{cm} 的高频等幅波时，若检波器输出直流电压为 U_0，则检波效率 η_2 定义为

$$\eta_{\mathrm{d}} = \frac{U_0}{U_{\mathrm{cm}}} \tag{4.28}$$

当检波器输入为标准调幅波时,检波效率 η_{d} 定义为输出低频电压的幅值 $U_{\Omega\mathrm{m}}$ 与输入高频调幅波包络 $m_{\mathrm{a}} U_{\mathrm{cm}}$ 的比值,即

$$\eta_{\mathrm{d}} = \frac{U_{\Omega\mathrm{m}}}{m_{\mathrm{a}} U_{\mathrm{cm}}} \tag{4.29}$$

检波器的检波效率越高,对同一输入信号,检波器输出的低频信号就越大。一般二极管大信号包络检波器的检波效率总是小于 1,电路设计时应尽可能接近 1。

根据上述检波原理的分析,只要充电足够快,放电足够慢,输出低频电压的幅值就会接近于输入信号的包络幅值(即峰值),因此检波效率接近于 1。具体而言,检波效率取决于电路参数 R_{L}、C、二极管的导通电阻 r_{D} 和信号的振幅。

图 4.17 是一组大信号检波电路的实测曲线。从图中可以看出,在一定的 R_{L} 下,检波效率 η_{d} 随 $\omega_{\mathrm{c}} C R_{\mathrm{L}}$ 的增加而增大。$R_{\mathrm{L}} C$ 越大,则放电越慢;ω_{c} 越大,则在一周内的放电时间越短。这两种方法都有利于电容 C 上电荷的积累,从而提高了检波效率 η_{d}。

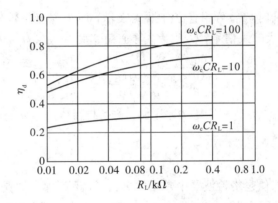

图 4.17　检波器参数和频率对 η_{d} 的影响

然而,$\omega_{\mathrm{c}} C R_{\mathrm{L}}$ 对 η_{d} 的影响是不均匀的。从图 4.17 中可以看出,当 $\omega_{\mathrm{c}} C R_{\mathrm{L}} = 1 \sim 10$ 时,$\omega_{\mathrm{c}} C R_{\mathrm{L}}$ 的变化对 η_{d} 的影响很大,而当 $\omega_{\mathrm{c}} C R_{\mathrm{L}} = 10 \sim 100$ 时,对 η_{d} 的影响要小得多。当 $\omega_{\mathrm{c}} C R_{\mathrm{L}} > 100$ 时,效果基本不明显。因此,在选择 $R_{\mathrm{L}} C$ 参数时,宜采用较大的参数,但也不能过大,因为太大并不能明显改善 η_{d},反而会引起失真(将在检波失真中讨论)。一般情况下,我们使用 $\omega_{\mathrm{c}} C R_{\mathrm{L}} = 10 \sim 100$ 即可。

当二极管正向导通电阻 r_{D} 较小时,充电快,C 上的充电电压较高,有利于提高 η_{d};当二极管反向电阻较小时,则放电期间将有一部分电荷会通过二极管漏掉,从而降低 η_{d}。因此,为提高检波效率 η_{d},宜选用正向电阻小、反向电阻大的二极管。

当输入信号较大时,检波二极管的正向导通电阻 r_{D} 较小,充电快,C 上的充电电压较高,从而可提高检波器的检波效率 η_{d}。

2)输入电阻

输入电阻是包络检波器的另一个重要性能指标。如图 4.18 所示,对于高频输入信号而言,包络检波器相当于前级电路即中频放大器的负载,此负载即为检波器的等效输入电阻 R_{in}。

假设前级中频放大器的 L_1C_1 回路的谐振电阻为 R_0，则中频放大器的等效负载 R_L' 为 R_0 并联 R_{in}。可见，检波器的输入电阻 R_{in} 越大，对前级中放电路的影响就越小。

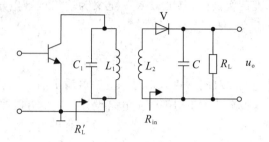

图 4.18　包络检波器的等效输入电阻

包络检波器的输入电阻 R_{in} 等于输入高频电压振幅 U_{cm} 与检波电流中基波电流振幅 I_{1m} 的比值，即

$$R_{in} = \frac{U_{cm}}{I_{1m}} \tag{4.30}$$

当电流为余弦脉冲时，I_{1m} 可用直流分量 I_0 表示，而 I_0 又可用输出的检波电压 U_0 和检波电阻 R_L 表示。对于大输入信号，U_0 很大，导通角 θ 很小，$\alpha_1(\theta)/\alpha_0(\theta) \approx 2$，即

$$R_{in} = \frac{U_{cm}}{I_{1m}} = \frac{U_{cm}}{\dfrac{\alpha_1(\theta)}{\alpha_0(\theta)} I_0} = \frac{U_{cm}}{\dfrac{\alpha_1(\theta)}{\alpha_0(\theta)} \dfrac{U_0}{R_L}} = \frac{U_{cm}}{\dfrac{\alpha_1(\theta)}{\alpha_0(\theta)} \dfrac{\eta_d U_{cm}}{R_L}} \approx \frac{R_L}{2\eta_d} \tag{4.31}$$

式（4.31）表明，当检波效率 η_d 接近于 1 时，大信号包络检波器的输入电阻 R_{in} 约为负载电阻 R_L 的一半。

3. 检波失真

在大信号二极管峰值包络检波器中常见的失真有两种：第一种是由检波电容放电慢所引起的失真，称为对角线失真或惰性失真；第二种是由输出耦合电容上的直流电压所引起的失真，称为负峰切割失真或割底失真。下面分别进行讨论。

1）对角线失真

参照如图 4.14 所示的电路，在正常情况下，检波电容 C 在高频的每一个周期内充放电一次。由于充电很快，每次充电都接近于输入信号的峰值电压，而放电比较慢，且按照指数规律放电，时间常数为 $R_L C$，因此使检波器的输出基本能跟上输入信号包络的变化。

在 $R_L C$ 较大的情况下，放电非常慢，可能在随后的几个高频周期中，包络电压已经降低，但 C 上的电压仍然大于包络电压，从而导致二极管反向截止，失去检波效果，直到包络电压再次升高，使之大于 C 上的电压时，才能恢复其检波功能。

当二极管截止时，检波器的输出电压波形是 C 的放电波形，呈倾斜的对角线形状，如图 4.19 所示，因此称为对角线失真，也称为惰性失真。很明显，放电越慢或包络下降越快，这种失真就越有可能发生。

接下来分析如何避免产生对角线失真。假设检波器的输入信号为单频余弦调制的 AM 波，其包络随时间的变化而变化，即

$$u_m(t) = U_{cm}(1 + m_a \cos\Omega t)$$

在 $t = t_A$ 时刻，电容放电的时间函数为

$$u_{c}(t)=U_{cm}(1+m_{a}\cos\Omega t_{A})e^{-\frac{t-t_{A}}{R_{L}C}}$$

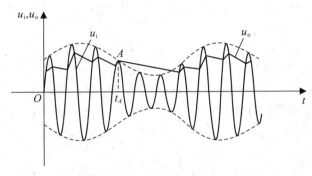

图 4.19　对角线失真的波形

由于产生对角线失真的原因是电容放电的速度比输入信号包络的下降速度慢，因此可写出不产生对角线失真的条件如下：

电容放电的速度 ≥ 输入信号包络下降的速度

也即

$$\left|\frac{du_{c}(t)}{dt}\right|_{t=t_{A}}\geqslant\left|\frac{du_{m}(t)}{dt}\right|_{t=t_{A}} \tag{4.32}$$

其中：

$$\left|\frac{du_{m}(t)}{dt}\right|_{t=t_{A}}=U_{cm}m_{a}\Omega\sin\Omega t_{A} \tag{4.33}$$

$$\left|\frac{du_{c}(t)}{dt}\right|_{t=t_{A}}=\frac{U_{cm}}{R_{L}C}(1+m_{a}\cos\Omega t_{A}) \tag{4.34}$$

根据式(4.32)～式(4.34)，我们可以得到不产生对角线失真的条件为

$$R_{L}C\leqslant\frac{\sqrt{1-m_{a}^{2}}}{m_{a}\Omega} \tag{4.35}$$

式(4.35)表明，调幅系数 m_{a} 或调制频率 Ω 越大，则包络变化越快，越会引起对角线失真；放电时间常数 $R_{L}C$ 越大，则电容放电越慢，也越会引起对角线失真。

2) 负峰切割失真

在接收机中，检波器输出通常通过大电容 $C_{1}(5\sim10\ \mu F)$ 耦合到下一级。对于检波器输出的直流而言，C_{1} 上存在直流电压 $U_{0}(U_{0}=\eta_{d}U_{cm})$，可视为直流电压源。借助于有源双端网络理论，图 4.20(a)中的 C_{1}、R_{L}、R_{i}(R_{i} 是下一级低频放大器的输入电阻)可以用如图 4.20(b)所示的等效电路代替。

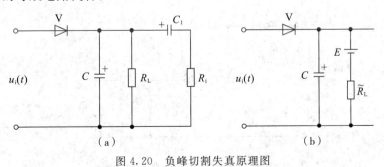

图 4.20　负峰切割失真原理图

图 4.20 中：

$$E=\frac{R_{\mathrm{L}}}{R_{\mathrm{L}}+R_{\mathrm{i}}}U_0=\frac{R_{\mathrm{L}}}{R_{\mathrm{L}}+R_{\mathrm{i}}}\eta_{\mathrm{d}}U_{\mathrm{cm}}$$

$$\tilde{R}_{\mathrm{L}}=R_{\mathrm{L}}//R_{\mathrm{i}}$$

在 $t_1 \sim t_2$ 时间内，如果输入信号的调制深度很深，以至于其幅值小于 E，则二极管在此期间处于反向截止状态，此时电容 C 上的电压等于 E，从而使输出波形中的负峰被切割，产生负峰切割失真，如图 4.21 所示。

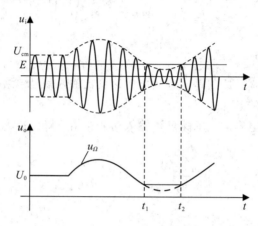

图 4.21 负峰切割失真波形

为了避免负峰切割失真，输入信号的最小值 $U_{\mathrm{cm}}(1-m_{\mathrm{a}})$ 必须大于或等于 E，即

$$(1-m_{\mathrm{a}})U_{\mathrm{cm}}\geqslant E=\frac{R_{\mathrm{L}}}{R_{\mathrm{L}}+R_{\mathrm{i}}}\eta_{\mathrm{d}}U_{\mathrm{cm}}$$

$$\Rightarrow m_{\mathrm{a}}\leqslant 1-\eta_{\mathrm{d}}\frac{R_{\mathrm{L}}}{R_{\mathrm{L}}+R_{\mathrm{i}}} \tag{4.36}$$

为了简单起见，如果检波效率 η_{d} 等于 1，则不产生负峰切割失真的条件是

$$m_{\mathrm{a}}\leqslant 1-\frac{R_{\mathrm{L}}}{R_{\mathrm{L}}+R_{\mathrm{i}}}=\frac{R_{\mathrm{i}}}{R_{\mathrm{L}}+R_{\mathrm{i}}}=\frac{\tilde{R}_{\mathrm{L}}}{R_{\mathrm{L}}} \tag{4.37}$$

从式(4.37)可以看出，调幅系数 m_{a} 越大或检波器的交流负载与直流负载之比越小，产生负峰切割失真的可能性就越大。

在实际电路中，可以采取各种措施来减小交流负载和直流负载之间的差异。例如，将 R_{L} 划分为 R_{L1} 和 R_{L2}，并通过隔直电容 C_1 将 R_{i} 连接到 R_{L2} 的两端，如图 4.22 所示。

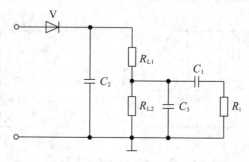

图 4.22 大信号包络检波器的改进电路

由图 4.22 可知，当 $R_L = R_{L1} + R_{L2}$ 一定时，R_{L1} 越大，交流负载和直流负载的差值就越小，但输出的音频电压也越小。为了解决这一矛盾，在实际电路中，通常采用 $R_{L1}/R_{L2} = 0.1 \sim 0.2$。$R_{L2}$ 还与电容器 C_3 并联，以进一步滤除高频分量，提高检波器的高频滤波能力。

4.4.2 同步检波电路

由于抑制载波的双边带信号和单边带信号的包络不能反映调制信号的变化规律，因此包络检波器只能解调标准 AM 波，而不能解调 DSB 和 SSB 信号。DSB 和 SSB 信号的解调必须采用同步检波电路。最常用的电路是乘积型同步检波电路，其组成框图如图 4.23 所示。

图 4.23 乘积型同步检波器的组成框图

乘积型同步检波器必须在接收端提供一个本地载波信号 u_r，它应该是与发射端载波信号同频和同相的同步信号，这是实现同步检波的关键。将附加的本地载波信号 u_r 与接收端输入的调幅信号 u_i 相乘，可以产生原调制信号分量和其他谐波组合分量。经过低通滤波器后，就可解调出原调制信号。

设输入的 DSB 信号和同步信号分别为

$$u_i = U_{im} \cos\Omega t \cos\omega_c t \tag{4.38}$$

$$u_r = U_{rm} \cos\omega_c t \tag{4.39}$$

则乘法器的输出电压为

$$u_A = A u_i u_r = A U_{im} U_{rm} \cos\Omega t \cos\omega_c t \cdot \cos\omega_c t$$

$$= \frac{1}{2} A U_{im} U_{rm} \cos\Omega t + \frac{1}{2} A U_{im} U_{rm} \cos\Omega t \cos 2\omega_c t \tag{4.40}$$

显然，式(4.40)右边第一项是所需的调制信号，而第二项为高频分量，可用低通滤波器滤除。

同理，若输入信号是 SSB 信号，即

$$u_i = U_{im} \cos(\omega_c + \Omega)t \tag{4.41}$$

则乘法器的输出电压为

$$u_A = A u_i u_r = A U_{im} U_{rm} \cos(\omega_c + \Omega)t \cdot \cos\omega_c t$$

$$= \frac{1}{2} A U_{im} U_{rm} [\cos\Omega t + \cos(2\omega_c + \Omega)t] \tag{4.42}$$

经低通滤波器滤除高频分量，即可获得低频调制信号。

乘积型同步检波器不仅可以解调 DSB 信号和 SSB 信号，还可以解调标准 AM 信号。假设输入的标准 AM 信号为

$$u_i = U_{cm}(1 + m_a \cos\Omega t)\cos\omega_c t \tag{4.43}$$

则乘法器的输出电压为

$$u_A = Au_i u_r = AU_{cm}(1 + m_a \cos\Omega t)\cos\omega_c t U_{rm}\cos\omega_c t$$

$$= AU_{cm}U_{rm}(1 + m_a \cos\Omega t)\cos^2\omega_c t$$

$$= \frac{AU_{cm}U_{rm}}{2} + \frac{AU_{cm}U_{rm}}{2}m_a \cos\Omega t + \frac{AU_{cm}U_{rm}}{2}\cos 2\omega_c t$$

$$+ \frac{AU_{cm}U_{rm}}{4}m_a \cos(2\omega_c + \Omega)t + \frac{AU_{cm}U_{rm}}{4}m_a \cos(2\omega_c - \Omega)t \quad (4.44)$$

显然,式(4.44)右边的第二项就是所需的调制信号,而其余的高频分量可以由低通滤波器滤除。

从以上分析可知,要想不失真地解调出低频调制信号,同步信号和发送端载波信号必须严格同频和同相,否则会引起解调失真。

例如,如果 u_r 与发射载波不同步,两者有频率差 $\Delta\omega$ 和相位差 $\Delta\varphi$,即

$$u_r = U_{rm}\cos[(\omega_c + \Delta\omega)t + \Delta\varphi] \quad (4.45)$$

则解调输出的电压为

$$u_o = \frac{1}{2}AU_{cm}U_{rm}m_a \cos(\Delta\omega t + \Delta\varphi)\cos\Omega t \quad (4.46)$$

从式(4.46)可以明显地看出,输出电压中产生了解调失真,在接收端会有一个强度变化缓慢的解调信号,通常称为差拍现象。因此,保持本地载波与发射端载波具有相同的频率和相位是同步检波器无失真解调的关键。

乘积型检波器中的乘法器可以通过非线性器件来实现,之前低电平调幅电路中介绍过的乘法器都可以采用。例如,可以使用二极管环形乘法器来实现乘积型同步检波,如图4.24所示。二极管环形乘法器既可用于幅度调制,也可用于幅度解调。

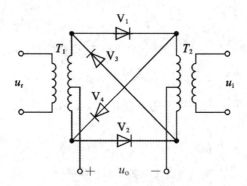

图 4.24　乘积型同步检波电路

使用集成模拟乘法器构成的乘积型同步检波电路如图4.25所示。振幅调制信号 u_i(可以是 AM 波、DSB 波或 SSB 波)经耦合电容后从引脚1和引脚4输入,同步信号 u_r 从引脚8和引脚10输入。解调输出的调制信号 u_o 是在引脚9单端输出后再经 π 型低通滤波器提取出来的。

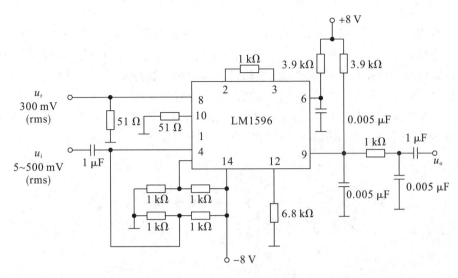

图 4.25　用集成模拟乘法器构成的乘积型同步检波电路

4.5 混 频 器

在通信技术中，经常需要将信号从一个频率变换到另一个频率，一般用得较多的是将一个已调的高频信号转换成另一个频率较低的同类已调信号。完成这种频率变换的电路称为混频器。

混频器用于频率变换，是现代射频系统中的关键部件。它将一个频率的射频信号变换为另一个频率的信号，从而使信号处理更容易，成本也更低。例如，在超外差中波广播电台中，天线接收到的高频信号(电台标准调幅信号的载波频率为 535 ~ 1605 kHz)由混频器变换为 465 kHz 的中频信号；在超外差调频广播电台中，将载波频率为 88 ~ 108 MHz 的信号变换为 10.7 MHz 的中频调频信号；在电视接收机中，将位于 40 ~ 1000 MHz 频率范围内的电视台信号变换为 38 MHz 的中频视频信号。

采用混频器后将提高接收机的性能。这是由于：

(1)混频器将高频信号变换为中频信号，在中频上放大信号，放大器的增益可以做得很高而不自激，这有助于提高接收机的灵敏度。

(2)接收机接收到的频率是可变的，但混频后的中频频率是固定的，从而简化了电路结构。

(3)接收机必须在较宽的频率范围内具有良好的选择性，这是很难做到的，但对于某一固定的中频频率，选择性可以做得很好。

4.5.1 混频器的基本原理

理想的线性时不变系统不可能在输出端产生不同于输入信号频率的新的频率分量，为了实现频率变换，混频器必须是非线性的或时变的。任何非线性器件都可以用作混频器，它能使两个输入的交流信号相乘，从而产生频率变换。例如，对于频率分别为 ω_1 和 ω_2 的两个输入单音信号，混频后产生的输出信号的频率分别是两个输入频率的和频(即 $\omega_1 + \omega_2$)和差频(即 $\omega_1 - \omega_2$)。

混频器的组成如图 4.26 所示,由接收天线感应到的高频已调信号(载波频率为 f_c)经高频放大器放大后,与本振信号(通常是高频等幅信号,频率为 f_L)一起加到混频器中。通过非线性器件的相乘作用实现变频后,中频已调信号(载波频率 f_I)通过中频滤波器输出。混频前后信号的调制规律是不变的,唯一的区别是载波频率从 f_c 变为 f_I。

因此,混频器由三个部分组成:① 非线性元件,如二极管、晶体管、场效应管和模拟乘法器等;② 产生本地振荡信号的振荡器,俗称本地振荡器;③ 中频滤波器。

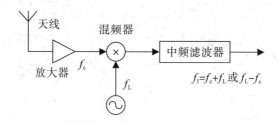

图 4.26　混频器的组成框图

现代混频器的核心是两个正弦信号在时域上的相乘,两个正弦函数的相乘会产生两个新的正弦波。中频频率 f_I 可以是高频载波频率 f_c 和本振频率 f_L 的和或者差。前者称为上混频,后者称为下混频。下混频通常用于广播和电视等接收机。中频滤波器可以用于选择我们需要的和频或差频分量,即中频分量。

混频的作用是将信号频率从高频 f_c 变换到中频 f_I,这也是频谱的线性搬移过程,混频前后信号的频谱结构并没有发生变化,如图 4.27 所示。由图可见,混频后,输入的高频调幅信号在输出端被变换为中频调幅信号,两者相比较,只是调幅信号的频率从高频位置移动到了中频位置,各频谱分量的相对幅值和相互之间的距离保持一致。

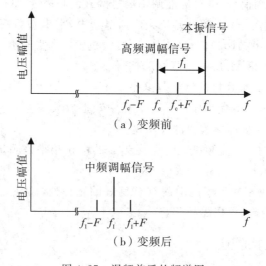

图 4.27　混频前后的频谱图

下面对混频原理进行数学分析。

如前所述,为了实现频谱的线性搬移,必须在时域内实现两个信号的相乘。假设输入的标准调幅信号 u_i 和本地振荡信号 u_L 分别为

$$u_i(t) = U_{cm}(1 + m_a \cos \Omega t) \cos \omega_c t \tag{4.47}$$

$$u_L(t) = U_{Lm} \cos \omega_L t \tag{4.48}$$

它们相乘后得到

$$u_o(t) = U_{cm} U_{Lm} (1 + m_a \cos \Omega t) \cos \omega_c t \cos \omega_L t$$

$$= \frac{1}{2} U_{cm} U_{Lm} (1 + m_a \cos \Omega t) [\cos(\omega_c + \omega_L)t + \cos(\omega_L - \omega_c)t] \tag{4.49}$$

由式(4.49)可知，和频($\omega_L + \omega_c$)和差频($\omega_L - \omega_c$)是通过乘积产生的。如果差频分量($\omega_L - \omega_c$)是所需的中频分量 ω_I，则可以通过中频滤波器得到，并滤除和频分量，即

$$u_I(t) = \frac{1}{2} U_{cm} U_{Lm} (1 + m_a \cos \Omega t) \cos \omega_I t \tag{4.50}$$

可见，混频后的中频信号仍然是标准 AM 信号。

4.5.2　混频器的主要技术指标

混频器的主要技术指标包括混频增益、选择性、工作稳定性、非线性失真、噪声系数和隔离度等。

1. 混频增益

混频增益定义为混频器输出的中频信号与输入的高频信号的比值，它有电压增益 A_{uc} 和功率增益 A_{pc} 两种类型，通常以分贝表示，计算式如下：

$$A_{uc} = 20 \lg \frac{U_I}{U_s} (\text{dB}) \tag{4.51}$$

$$A_{pc} = 10 \lg \frac{P_I}{P_s} (\text{dB}) \tag{4.52}$$

对接收机而言，A_{uc}（或 A_{pc}）越大，接收机的灵敏度越高。通常在广播收音机中 A_{pc} 为 $20 \sim 30$ dB，电视接收机中的 A_{uc} 为 $6 \sim 8$ dB。

2. 选择性

除了产生有用的中频信号外，混频器还产生了许多不必要的频率项。为了使混频器输出只包含所需的中频信号，并抑制其他不必要频率的干扰，输出回路应具有良好的选择性。可采用高品质因数 Q 的选频网络或滤波器。

3. 工作稳定性

为了保证混频产生的中频精度，对本振信号的频率稳定度要求较高，应采取稳频等措施。

4. 非线性失真

由于混频器工作于非线性状态，因此当在输出端获得所需的中频信号时，还会产生许多不需要的其他频率分量，其中一些将落在中频放大器的通带内，使输出中频信号所包含的信息与输入信号的信息不同，导致非线性失真。此外，在混频过程中会产生组合频率干扰和交叉调制干扰等，影响正常通信。因此，在设计和调整混频电路时，应尽量减少失真和干扰。

5. 噪声系数

混频器的噪声系数 NF 定义为混频器输入端的信噪比与输出端的信噪比的比值，通常

以分贝表示：

$$NF = 10 \lg \frac{\left(\dfrac{P_s}{P_n}\right)_i}{\left(\dfrac{P_I}{P_n}\right)_o} (dB) \tag{4.53}$$

由于混频器位于接收机的前端，混频器产生的噪声对整个接收机的影响最大，因此混频器的噪声系数越小，接收效果越好。显然，在理想的无噪声情况下，NF＝0 dB。

6. 隔离度

隔离度是指混频器端口之间"泄漏"或"通过"的量，也即本端口的信号功率与它泄漏到另一个端口的功率之比。显然，隔离度越大越好。由于本振功率大，因此本振信号的泄漏尤为重要。

4.5.3 混频电路

混频电路种类很多，晶体二极管、三极管、场效应管和集成模拟乘法器等非线性器件都可以用来实现混频。晶体三极管混频器具有增益高、噪声低的优点，但混频失真大，本振泄漏严重；场效应管混频器由于其平方律特性，具有较小的混频失真和较大的动态范围，但其混频增益小于三极管混频器；二极管环形混频器结构简单，噪声低，混频失真低，动态范围大，工作频率高(可达 1000 MHz)，其缺点是增益小；由集成模拟乘法器构成的混频器电路，不仅混频干扰小，而且易于调节，输入信号的动态范围大。

1. 晶体三极管混频电路

根据本振信号的不同接入方式，一般晶体三极管混频器有四种形式。图 4.28(a)、(b)是共发射极电路的两种形式，图 4.28(c)、(d)是共基极电路的两种形式。

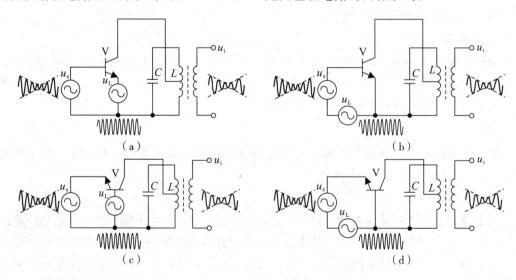

图 4.28 三极管混频电路的几种形式

在频率较低的情况下，多采用共发射极电路。在图 4.28(a)中，基极和发射极分别注入输入信号 u_s 和本地振荡信号 u_L，两者之间的相互影响很小，但本地振荡器所需的功率却很高。在图 4.28(b)中，输入信号 u_s 和本地振荡信号 u_L 都由基极注入，这对彼此有很大的影响，但是本地振荡器所需的功率很小。

在频率较高的情况下，多采用共基极电路，当频率不高时，其混频增益低于共发射极电路。图 4.28(d)中输入信号 u_s 和本地振荡信号 u_L 之间的相互影响比图 4.28(c)中的大。

以上电路的共同特点是：无论如何注入本振电压，输入信号和本振信号实际上都加在基极和发射极之间，并利用晶体管转移特性的非线性实现频率变换。

图 4.29 是用于中波广播电台的晶体管混频电路。本振电压由 V_2 构成的电感反馈型振荡器产生，通过耦合线圈 L_c 加到混频管 V_1 的发射极。接收天线感应到的输入信号通过耦合线圈 L_a 加到输入信号回路，然后通过耦合线圈 L_b 加到混频管 V_1 的基极。通过调节联动的可变电容，可选择输入信号的频率和相应的本振频率，输出频率为 465 kHz 的中频信号。

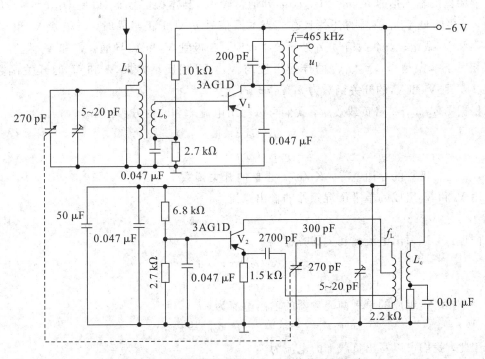

图 4.29　用于中波广播电台的晶体管混频电路

在实际电路中，L_a 和 L_b 的值较小，因此对于输入信号的频率，本振回路失谐严重，其两端的阻抗很小，可以看作短路；同理，对于本地振荡信号的频率，输入信号回路严重失谐，其两端的阻抗很小，也可视为短路。因此，输入信号和本地振荡信号都具有良好的通路，可以有效地加到 V_1 管的发射结上。同时，它还有效地克服了本振电压经输入信号回路泄漏到天线上而产生的反向辐射。

2. 二极管环形混频电路

多年来，在高性能混频器中最常用的是二极管环形混频器。二极管可以是硅结二极管、硅肖特基势垒二极管或砷化镓二极管等类型，用于提供必要的开关作用。在实际工作频率超过几十兆赫兹的混频器中，广泛采用二极管双平衡混频电路，也称为二极管环形混频电路，如图 4.30 所示。

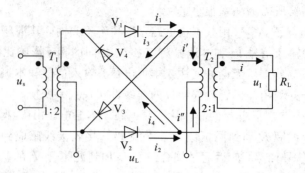

图 4.30 二极管环形混频电路

混频器的输入信号 $u_s(u_s = U_{sm}\cos\omega_c t)$ 通常较小，当本振信号 $u_L(u_L = U_{Lm}\cos\omega_L t)$ 足够大时，二极管处于 u_L 控制的开关状态。当本振信号 u_L 处于正半周时，二极管 V_1 和 V_2 导通，V_3 和 V_4 截止；当本振信号 u_L 处于负半周时，二极管 V_3 和 V_4 导通，V_1 和 V_2 截止。

相对于本振信号，V_1、V_2 的导通极性与 V_3、V_4 相反。如果 V_1 和 V_2 的开关函数为 $k_1(\omega_L t)$，则 V_3 和 V_4 的开关函数为 $k_1(\omega_L t + \pi)$。

根据图 4.30，忽略负载效应，我们可以写出电流 i_1 和 i_2 的方程：

$$i_1 = g_d K_1(\omega_L t)(u_L + u_s) \tag{4.54}$$

$$i_2 = g_d K_1(\omega_L t)(u_L - u_s) \tag{4.55}$$

其中，g_d 是二极管的导通电导，$K_1(\omega_L t)$ 是单向开关函数。

由 V_1 和 V_2 组成的单平衡混频器的输出电流为

$$i' = i_1 - i_2 = 2g_d K_1(\omega_L t)u_s \tag{4.56}$$

同理，可以写出电流 i_3 和 i_4 的方程：

$$i_3 = -g_d K_1(\omega_L t + \pi)(u_L - u_s) \tag{4.57}$$

$$i_4 = -g_d K_1(\omega_L t + \pi)(u_L + u_s) \tag{4.58}$$

由 V_3 和 V_4 组成的单平衡混频器的输出电流为

$$i'' = i_3 - i_4 = 2g_d K_1(\omega_L t + \pi)u_s \tag{4.59}$$

因此，我们可以写出负载上的电流为

$$i = i' - i'' = 2g_d u_s[K_1(\omega_L t) - K_1(\omega_L t + \pi)]$$
$$= 2g_d u_s K_2(\omega_L t) \tag{4.60}$$

负载两端的输出电压为

$$u_1 = 2g_d R_L u_s K_2(\omega_L t)$$
$$= 2g_d R_L U_{sm}\cos\omega_c t \cdot \frac{4}{\pi}\left[\cos\omega_L t - \frac{1}{3}\cos 3\omega_L t + \frac{1}{5}\cos 5\omega_L t + \cdots\right] \tag{4.61}$$

可见，在二极管环形混频电路中，只要电路是对称的，输出电压就只包含 $(2n-1)\omega_L \pm \omega_c$ 频率分量。因此，如果在混频器输出端加入带通滤波器（中心频率 $\omega_1 = \omega_L - \omega_c$），则可获得中频电压，实现混频功能。

在模拟乘法器问世之前，二极管环形混频器是一种广泛使用的电路。由于电路工作频率较高，因此在几十兆赫兹以上的频率范围内，模拟乘法器仍无法取代二极管环形混频器。目前市面上可用的二极管环形混频器是由四个二极管制成的集成电路。

3. 集成模拟相乘器混频电路

图 4.31 是由具有宽带输入的集成模拟相乘器 MC1596G 构成的双平衡混频器,输出中频调谐在 9 MHz,回路带宽为 450 kHz,本地振荡的输入电平为 100 mV。对于 30 MHz 输入信号和 39 MHz 本地振荡信号,混频增益为 13 dB。当输出信噪比为 10 dB 时,输入信号的灵敏度为 7.5 μV。

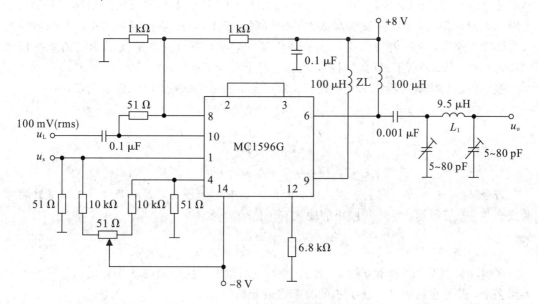

图 4.31 MC1596G 构成的双平衡混频器

除了使用集成模拟乘法器来实现混频外,还可以使用具有乘法特性的其他器件来代替图 4.31 中的模拟乘法器。随着大规模集成电路的发展,混频电路已作为单元电路被集成到专用芯片中。

4.5.4 混频干扰及其抑制方法

一般情况下,由于混频器件的非线性,混频器会产生各种干扰和失真,包括干扰哨声、副波道干扰、交叉调制干扰和互相调制干扰等。下面我们就来讨论这些常见干扰的产生原因和抑制方法。

1. 组合频率干扰(干扰哨声)

干扰哨声是由有用信号和本地振荡信号共同产生的组合频率干扰。当混频器的输入端同时作用着频率为 f_c 的有用信号和频率为 f_L 的本地振荡信号时,通常由于混频器件的非线性,混频器的输出电流中会产生大量的组合频率分量:

$$f_{p,q} = |\pm p f_L \pm q f_c| \tag{4.62}$$

它们的振幅随着 $p+q$ 的增大而迅速减小。这种情况犹如混频器中存在着无数个变换通道,将 f_c 变换为 $f_{p,q}$,其中只有一个变换通道($p=q=1$)是有用的,它可以将输入信号频率变换成所需的中频频率,如 $f_L - f_c = f_I$,而其他大量的变换通道都是无用的,有些甚至是非常有害的。

对于某些特定的 p、q 的值($p=q=1$ 除外),如果 $f_{p,q}$ 非常接近中频,即

$$|\pm pf_{\mathrm{L}} \pm qf_{\mathrm{c}}| \approx f_{\mathrm{I}} \pm F \qquad (4.63)$$

其中，F 是可听到的音频频率，则在混频器中，输入信号除了可以通过 $p=q=1$ 的有用通道变换为中频信号以外，还可通过 p 和 q 满足式(4.63)的那些通道变换为接近于中频的寄生信号。

例如，当 $f_{\mathrm{c}}=931\ \mathrm{kHz}$，$f_{\mathrm{L}}=1396\ \mathrm{kHz}$，$f_{\mathrm{I}}=465\ \mathrm{kHz}$ 时，对应于 $p=1$，$q=2$ 的组合频率分量为 $-1396+2\times931=466\ \mathrm{kHz}=465\ \mathrm{kHz}+1\ \mathrm{kHz}$。466 kHz 的无用频率分量位于中频 465 kHz 附近，只要后面中频放大器的带宽大于 1 kHz，它就可通过中频放大器并送入检波器。这样，收听者就会在听到有用信号的同时，还听到由检波器检出的差拍信号（频率为 $F=1\ \mathrm{kHz}$）所形成的哨叫声，故称这种干扰为干扰哨声。

观察满足干扰哨声的频率关系式(4.63)可见，该式可分解为以下四个关系式：

$$\begin{cases} pf_{\mathrm{L}} - qf_{\mathrm{c}} = f_{\mathrm{I}} \pm F \\ qf_{\mathrm{c}} - pf_{\mathrm{L}} = f_{\mathrm{I}} \pm F \\ pf_{\mathrm{L}} + qf_{\mathrm{c}} = f_{\mathrm{I}} \pm F \\ -qf_{\mathrm{c}} - pf_{\mathrm{L}} = f_{\mathrm{I}} \pm F \end{cases}$$

若令 $f_{\mathrm{L}} - f_{\mathrm{c}} = f_{\mathrm{I}}$，则上述四式中只有前两式有可能成立，而后两式是无效的。将前两式合并，便可得到产生干扰哨声的输入有用信号的频率为

$$f_{\mathrm{c}} \approx \frac{p\pm1}{q-p} f_{\mathrm{I}} \qquad (4.64)$$

式(4.64)表明，若 p 和 q 取不同的正整数，则产生干扰哨声的输入有用信号的频率有无限多个，并且它们的值接近于 f_{I} 的整数倍或分数倍。

实际上，任何接收机的接收频段都是有限的，只有那些落在接收频段内的才会产生干扰哨声。此外，由于组合频率分量的幅值总是随着 $p+q$ 的增加而迅速减小，因而，只有对于 $p+q$ 为较小值的输入有用信号才会产生明显的干扰哨声，而对于 $p+q$ 为较大值的输入有用信号产生的干扰哨声一般可以忽略。

由此可见，只要将产生最强干扰哨声的信号频率移到接收波段以外，干扰哨声的有害影响就可以大大降低。从式(4.64)可以看出，$p=0$，$q=1$ 的干扰哨声最强，相应地输入信号频率接近于中频，即 $f_{\mathrm{c}} \approx f_{\mathrm{I}}$。因此，为了避免这个最强烈的干扰哨声，接收机的中频总是选择在接收频带之外。例如，中波广播收音机的接收频段为 535～1605 kHz，而中频 f_{I} 为 465 kHz。

2. 副波道干扰

副波道干扰是由外部干扰信号和本地振荡信号共同产生的干扰。它似乎绕过主波道 f_{c}，通过另一个波道进入中频电路，因此将这种干扰称为副波道干扰，也称为寄生通道干扰。

当混频器的输入端同时作用着频率为 f_{M} 的外部干扰信号和频率为 f_{L} 的本地振荡信号时，通常由于混频器件的非线性，混频器的输出电流中会出现大量的组合频率分量：

$$f_{p,q} = |\pm pf_{\mathrm{L}} \pm qf_{\mathrm{M}}| \qquad (4.65)$$

如果对于某些 p、q 值，$f_{p,q}$ 非常接近中频，即

$$|\pm pf_{\mathrm{L}} \pm qf_{\mathrm{M}}| = f_{\mathrm{I}} \qquad (4.66)$$

则干扰信号通过这些通道就能将其频率由 f_{M} 变换为 f_{I}，使它们能够顺利地通过中频放大

器，从而使收听者听到该干扰信号的声音。

由于受到 $f_L - f_c = f_I$ 的限制，因此产生副波道干扰的频率关系式(4.66)只有以下两式成立：

$$\begin{cases} p f_L - q f_M = f_I \\ q f_M - p f_L = f_I \end{cases}$$

将它们合并，可以得到能形成副波道干扰的输入干扰信号频率为

$$f_M = \frac{p}{q} f_L \pm \frac{1}{q} f_I = \frac{p}{q} f_c + \frac{p \pm 1}{q} f_I \tag{4.67}$$

由式(4.67)可知，理论上有无限多干扰频率可以形成副波道干扰，而事实上，只有对于 $p+q$ 值较低的外部干扰信号才能形成较强的副波道干扰，对于 $p+q$ 值较高的外部干扰信号产生的副波道干扰，一般可以忽略。

根据式(4.67)，可以得到两个形成最强副波道干扰的频率。一个是 $p=0$，$q=1$ 的副波道，相应地 $f_M = f_I$，故称为中频干扰。对于这种干扰信号，混频器实际上就像中频放大器一样。另一个是 $p=1$，$q=1$ 的副波道，相应地 $f_M = f_L + f_I = f_c + 2f_I$。如果将 f_L 想象为一面镜子，那么 f_M 就是 f_c 的镜像，如图 4.32 所示，故称为镜像频率干扰。

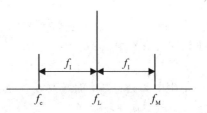

图 4.32　镜像频率干扰

如果把式(4.67)改写成

$$f_c = \frac{q}{p} f_M - \frac{p \pm 1}{p} f_I \tag{4.68}$$

则说明当 f_M 一定时接收机能够在哪些 f_c 上听到该干扰信号的声音。例如，当混频器的输入端作用 $f_M = 1000\ \text{kHz}$ 的干扰信号时，由式(4.68)求得接收机可以在 1070 kHz($p=1$，$q=2$)和 767.5 kHz($p=2$，$q=2$)等频率刻度上收听到这个干扰信号的声音。

为了抑制镜像干扰，必须增加干扰信号与有用输入信号之间的频率间隔，以便在混频器前由滤波器滤除干扰信号，使其加不到混频器的输入端。

3. 交叉调制干扰

当混频器的输入端同时作用着有用信号 u_s、本地振荡信号 u_L 和干扰信号 u_M 时，由于混频器件的非线性，混频器除了对某些特定频率的信号形成副波道干扰外，还会对任意频率的干扰信号产生交叉调制干扰。

假设混频器件在静态工作点上展开的伏安特性为

$$i = f(u) = a_0 + a_1 u + a_2 u^2 + a_3 u^3 + a_4 u^4 + \cdots \tag{4.69}$$

其中：

$$u = u_L + u_s + u_M = U_{Lm} \cos\omega_L t + U_{sm} \cos\omega_c t + U_{Mm} \cos\omega_M t \tag{4.70}$$

将式(4.70)代入式(4.69)中可知，u 的二次方项（展开式中的 $2a_1 u_L u_s$）、四次方项（展开式中的 $4a_4 u_L^3 u_s + 4a_4 u_L u_s^3 + 12a_4 u_L u_s u_M^2$）及更高的偶次方项均会产生中频电流分量，其中 $12a_4 u_L u_s u_M^2$ 产生的中频电流幅值为 $3a_4 U_{Lm} U_{sm} U_{Mm}^2$，与 U_{Mm} 有关。这表明该电流的幅值中包含了干扰信号的包络变化。也就是说，这种干扰是将干扰信号的包络交叉地转移到输出中频信号上去的一种非线性失真，因此把它称为交叉调制干扰。

　　当这种失真存在时，人们不仅能听到有用信号的声音，同时还能听到干扰信号的声音。但是，当有用信号电台停止发送时，干扰信号的声音也随之消失了。

　　抑制交叉调制干扰的方法是：首先，提高混频器前端各电路的选择性；其次，选择场效应管等平方律器件，或者通过适当选择晶体管的工作点电流，使晶体管尽可能工作在接近平方律的区域。

4. 互相调制干扰

　　当两个干扰信号 u_{M1} 和 u_{M2} 同时作用于混频器的输入端时，由于混频器件的非线性，混频器还可能产生互相调制干扰。令

$$u = u_L + u_s + u_{M1} + u_{M2} = U_{Lm}\cos\omega_L t + U_{sm}\cos\omega_c t + U_{M1m}\cos\omega_{M1} t + U_{M2m}\cos\omega_{M2} t$$

则电流 i 中将包含以下组合频率分量：

$$f_{p,q,r,s} = |\pm p f_L \pm q f_c \pm r f_{M1} \pm s f_{M2}|$$

其中，除了 $f_L - f_c = f_I (p=q=1, r=s=0)$ 的有用的中频分量外，在 r 和 s 的某些特定值上还可能存在满足：

$$|\pm f_L \pm r f_{M1} \pm s f_{M2}| = f_I \tag{4.71}$$

的寄生中频分量，从而导致混频器输出的中频信号失真，通常将这种失真称为互相调制干扰，简称互调干扰。

　　显然，当 U_{M1m} 和 U_{M2m} 的值一定时，r 和 s 值越小，相应产生的寄生中频电流分量的幅值就越大，互调干扰也就越严重。其中，如果两个干扰信号的频率 f_{M1} 和 f_{M2} 非常接近有用信号频率，则当 r 和 s 为小值($r=1$, $s=2$ 或 $r=2$, $s=1$)时的组合频率分量的频率有可能趋近于 f_I，即

$$f_L - (2f_{M1} - f_{M2}) \approx f_I \quad 或 \quad f_L - (2f_{M2} - f_{M1}) \approx f_I$$

也即

$$2f_{M1} - f_{M2} \approx f_c \quad 或 \quad 2f_{M2} - f_{M1} \approx f_c \tag{4.72}$$

　　因此，这种互调干扰是最严重的。由于 $r+s=3$，因此将这种干扰称为三阶互调干扰，它是由 u 的四次方项中的 $12a_4 u_L u_{M1}^2 u_{M2}$ 或 $12a_4 u_L u_{M1} u_{M2}^2$ 产生的。

　　抑制互调干扰的方法与抑制交叉调制干扰的方法相同。首先，提高混频器前级各电路的选择性；其次，选择场效应管等平方律器件，或者通过适当选择晶体管的工作点电流，使晶体管尽可能工作在接近平方律的区域。

本 章 小 结

　　本章主要从振幅调制、解调与混频的概念、信号分析、性能特点、指标计算和实现电路等方面介绍了通信系统中的三个重要组成部分：振幅调制电路、调幅信号的解调电路和混频电路。从频域上看，这三者都属于频谱的线性搬移电路，只是搬移的位置各不相同。因此，振幅调制电路、解调电路和混频电路虽然完成不同的功能，有其自身的概念、特点和性能指标，但实现其功能的电路形式是相同的，即各种各样实现频谱线性搬移的相乘器电路。我们可以通过对比的方式学习，掌握各种频谱的线性搬移电路的共同点和不同点。

习　题

4 - 1　载波功率为 100 W，当 $m_a = 1$ 和 0.5 时，总功率和边频功率分别为多少？

4 - 2　某调幅波电压为 $u(t) = 10 \times (1 + 0.5\cos 2\pi \times 1000t - 0.5\cos 2\pi \times 10^4 t)\sin 2\pi \times 10t$，试求其包含的各频率分量的频率和振幅。

4 - 3　假设基极调幅电路中功放工作于最大功率时，集电极最大电流 $I_{cmax} = 0.5$ A，导通角 $2\theta = 120°$，电源电压 $E_C = 10$ V，求最大管耗 P_{Cmax}、电源提供功率 P_{DC}、最大输出功率 P_{omax} 和集电极转换效率 η_C。

4 - 4　给定如下调幅波的表达式，画出波形和频谱。

(1) $(1 + \cos\Omega t)\cos\omega_c t$；

(2) $(1 + 0.5\cos\Omega t)\cos\omega_c t$；

(3) $\cos\Omega t\cos\omega_c t$（$\omega_c = 5\ \Omega$）。

4 - 5　已知两个信号，其电压分别为

$$u_1 = 2\cos 1000\pi t + 0.5\cos 800\pi t + 0.5\cos 1200\pi t \quad (V)$$

$$u_2 = 0.5\cos 800\pi t + 0.5\cos 1200\pi t \quad (V)$$

问 u_1、u_2 是何种已调波？请分别写出其标准的数学表达式，并计算单位电阻上消耗的总功率、边频功率及已调波的频带宽度。

4 - 6　大信号二极管包络检波电路如图 4.33 所示，假定 $R_L = 1$ kΩ，$m_a = 0.4$，若载波频率为 100 MHz，调制信号最高频率为 20 kHz，该如何选取电容 C？试求检波器的输入阻抗。

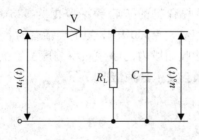

图 4.33　题 4 - 6 图

4 - 7　检波电路如图 4.34 所示，已知 $u_i(t) = 10\cos 2\pi \times 500 \times 10^3 t + 8\cos 2\pi \times 10^3 t\cos 2\pi \times 500 \times 10^3 t$，二极管内阻为 100 Ω，$C = 0.01\ \mu$F，$C_1 = 50\ \mu$F，在检波不失真的情况下，求检波器直流负载电阻的最大值以及下级输入电阻的最小值。

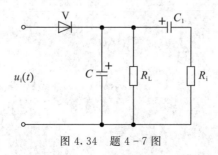

图 4.34　题 4 - 7 图

4-8　二极管单平衡相乘器电路如图4.35所示。假设二极管 V_{D1} 和 V_{D2} 的伏安特性相同，均为从原点出发、斜率为 g_D 的直线，$u_1(t) = U_{1m}\cos\omega_c t$，$u_2(t) = U_{2m}\cos\omega_L t$，中频 $\omega_I = \omega_L - \omega_c$，忽略负载效应。

(1)输出端接的滤波器应该是什么类型？

(2)若滤波器在中心频率 f_I 处的等效电阻为 R_L，写出输出电压 $u_o(t)$ 的表达式，并列出其频率分量。

(3)该电路能否实现混频？为什么？

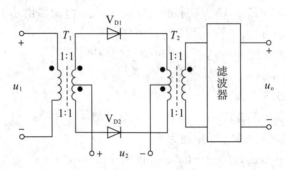

图 4.35　题 4-8 图

4-9　在一超外差式广播收音机中，中频频率 $f_I = f_L - f_c = 465$ kHz。试分析下列现象属于何种干扰，又是如何形成的。

(1)当收听频率 $f_c = 931$ kHz 的电台播音时，伴有音调约 1 kHz 的哨叫声；

(2)当收听频率 $f_c = 550$ kHz 的电台播音时，听到频率为 1480 kHz 的强电台播音；

(3)当收听频率 $f_c = 1480$ kHz 的电台播音时，听到频率为 740 kHz 的强电台播音。

4-10　一超外差式广播收音机的接收频率范围为 535～1605 kHz，中频频率 $f_I = f_L - f_c = 465$ kHz。试问当收听 $f_c = 700$ kHz 的电台播音时，除了调谐在 700 kHz 频率刻度上能接收到外，还可能在接收频段内的哪些频率刻度位置上收听到该电台的播音？试写出最强的两个，并说明为什么会发生这种情况。

第 5 章　角度调制与解调

5.1　概　　述

角度调制包括调频（FM）和调相（PM）。在调频或调相过程中，载波的频率（对应调频）或相位（对应调相）会按照调制信号（人们想要发送的信号）的瞬时大小而变化。也就是说，调制信号的信息被隐藏在载波的频率或相位上，一旦接收机接收到已调波，就可以进行解调并且提取调制信号。

对于高频正弦信号，其数学表达式如下：

$$u_c(t) = U_{cm}\cos(\omega_c t + \varphi_0) \tag{5.1}$$

其中：U_{cm} 是高频正弦信号的幅度；ω_c 是高频正弦信号的角频率；φ_0 是高频正弦信号的初始相位；$\omega_c t + \varphi_0$ 表示高频正弦信号的瞬时相位。令

$$\omega_c t + \varphi_0 = \varphi(t) \tag{5.2}$$

如果将该高频正弦信号作为载波，则其基本参数 U_{cm}、ω_c 和 $\varphi(t)$ 可以通过调制信号成比例地受到调制。通常调制信号可以表示为

$$u_\Omega(t) = U_{\Omega m}\cos\Omega t \tag{5.3}$$

当 U_{cm} 被调制信号调制时，载波幅度被调制后的标准 AM 波的表达式如下：

$$u_{AM}(t) = U_{cm}(1 + m_a\cos\Omega t)\cos(\omega_c t + \varphi_0) \tag{5.4}$$

为了简化分析，令 $\varphi_0 = 0$，因此式（5.4）改进后为

$$u_{AM}(t) = U_{cm}(1 + m_a\cos\Omega t)\cos(\omega_c t) \tag{5.5}$$

类似地，当 ω_c 被 $u_\Omega(t)$ 调制时，载波的瞬时频率将随调制信号的幅度呈线性变化，即

$$\omega(t) = \omega_c + k_f u_\Omega(t) \tag{5.6}$$

把 $u_\Omega(t)$ 的信息嵌入到载波的频率变化中，这就是所谓的调频。

同理，当 $\varphi(t)$ 被 $u_\Omega(t)$ 调制时，载波的瞬时相位将随调制信号的幅度呈线性变化，即

$$\varphi(t) = \omega_c t + k_p u_\Omega(t) \tag{5.7}$$

把 $u_\Omega(t)$ 的信息嵌入到载波的相位变化中，这就是所谓的调相。

不同于 AM 的频谱线性搬移，FM 和 PM 都是频谱的非线性变换。在频谱中，FM 或 PM 信号覆盖的频带宽度比 AM 要宽得多（见图 5.1）。此外，调制后的波形对于 AM、FM 和 PM 是不同的。我们知道，波的能量或功率与其电压幅度密切相关，从功耗来看，FM 或 PM 只是对未调载波的功率再分配，而不改变调制后的总功率（即振幅不变），这使得 FM 或 PM 在抗干扰性能方面要好得多。当前 FM 广泛应用于 FM 广播、电视和通信系统；PM 主要用于数字通信系统。对于 FM，解调过程也称为鉴频；对于 PM，则称为相位检波，也称鉴相。

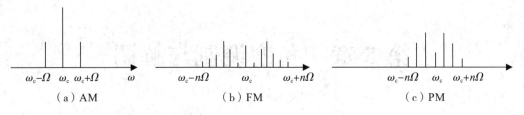

图 5.1　AM、FM 和 PM 的频谱

5.2　角度调制波的性质

5.2.1　瞬时频率和瞬时相位

对于表达式为 $u_c(t)=U_{cm}\cos(\omega_c t+\varphi_0)$ 的正弦波，其瞬时频率 $\omega(t)$ 和瞬时相位 $\varphi(t)$ 的关系如下：

$$\varphi(t) = \int_0^t \omega(t)\mathrm{d}t + \varphi_0 \tag{5.8}$$

相位是无量纲物理量。$\int_0^t \omega(t)\mathrm{d}t$ 表示当矢量以 $\omega(t)$ 的角频率扫描时，矢量从 $t=0$ 到时间 t 的总角度或相位。

通过对方程(5.8)两边进行求导，得到 $\omega(t)$ 和 $\varphi(t)$ 之间的关系如下：

$$\omega(t) = \frac{\mathrm{d}\varphi(t)}{\mathrm{d}t} \tag{5.9}$$

即瞬时频率 $\omega(t)$ 是瞬时相位 $\varphi(t)$ 对时间的变化率。

5.2.2　FM 波和 PM 波的数学表达式

1. FM 波

为了简单起见，我们假设调制信号是单音信号，其表达式为 $u_\Omega(t)=U_{\Omega m}\cos\Omega t$（$\Omega$ 是调制信号的频率）。对于载波，设其表达式为 $u_c(t)=U_{cm}\cos\omega_c t$。如前所述，FM 波的特征是载波的瞬时频率随着调制信号呈线性变化，这可以表示为 $\omega(t)=\omega_c+k_f u_\Omega(t)=\omega_c+\Delta\omega(t)$，其中 k_f 是调频系数，单位是 rad/(V·s)，可描述为由单位调制信号所引起的频率偏移量。$k_f u_\Omega(t)=\Delta\omega(t)$ 是在 t 时刻瞬时频率偏离其中心载波频率 ω_c 的频率偏移量。当 $\cos\Omega t=1$ 时，$\Delta\omega(t)$ 将达到其最大值，此时为最大频偏 $\Delta\omega_f=k_f U_{\Omega m}$。

根据式(5.8)，FM 波的瞬时相位为

$$\varphi(t) = \int_0^t \omega(t)\mathrm{d}t = \int_0^t [\omega_c + k_f u_\Omega(t)]\mathrm{d}t = \omega_c t + k_f \frac{U_{\Omega m}}{\Omega}\sin\Omega t \tag{5.10}$$

在 t 时刻载波的瞬时相位产生的偏移量为

$$\Delta\varphi(t) = k_f \frac{U_{\Omega m}}{\Omega}\sin\Omega t \tag{5.11}$$

调频指数 m_f 被定义为调频波的最大相移，则

$$m_f = k_f \frac{U_{\Omega m}}{\Omega} \tag{5.12}$$

因此，FM 信号的数学表达式为

$$u_{FM}(t) = U_{cm} \cos\left(\omega_c t + k_f \frac{U_{\Omega m}}{\Omega} \sin\Omega t\right) = U_{cm} \cos(\omega_c t + m_f \sin\Omega t) \tag{5.13}$$

FM 信号具有不变的幅度和时变相位（或频率）的特点。m_f 通常大于 1，m_f 越大，表示抗干扰性能越好。

2. PM 波

对于 PM 波，载波的瞬时相位随调制信号呈线性变化，其瞬时相位为

$$\varphi(t) = \omega_c t + k_p u_\Omega(t) = \omega_c t + \Delta\varphi(t) \tag{5.14}$$

其中：$\omega_c t$ 是未调载波的相位（假设初相位 $\varphi_0 = 0$）；k_p 是调相因子，单位是 rad/(V·s)。$\varphi(t)$ 描述了由单位调制信号幅度所引起的相移。对于 PM 波，可以得到其最大相移为

$$m_p = k_p U_{\Omega m} \tag{5.15}$$

m_p 也被称为调相指数。

根据式（5.9），PM 波的瞬时频率为

$$\omega(t) = \frac{d\varphi(t)}{dt} = \omega_c + \Omega k_p U_{\Omega m} \sin(\Omega t + \pi) = \omega_c + \Delta\omega(t) \tag{5.16}$$

其中，$\Delta\omega(t)$ 称为瞬时频偏，其最大值是 $\Delta\omega_p = k_p U_{\Omega m}\Omega$。

因此，PM 波的标准表达式为

$$u_{PM}(t) = U_{cm} \cos(\omega_c t + k_p U_{\Omega m} \cos\Omega t) = U_{cm} \cos(\omega_c t + m_p \cos\Omega t) \tag{5.17}$$

3. FM 波和 PM 波之间的比较

FM 波和 PM 波之间的比较见表 5.1。

表 5.1　FM 波和 PM 波的比较

比较对象	FM	PM
瞬时频率	$\omega_c + k_f U_{\Omega m} \cos\Omega t$	$\omega_c + \Omega k_p U_{\Omega m} \sin(\Omega t + \pi)$
瞬时相位	$\omega_c t + k_f \dfrac{U_{\Omega m}}{\Omega} \sin\Omega t$	$\omega_c t + k_p U_{\Omega m} \cos\Omega t$
最大频移	$\Delta\omega_f = k_f U_{\Omega m}$	$\Delta\omega_p = \Omega k_p U_{\Omega m}$
最大相移	$m_f = k_f \dfrac{U_{\Omega m}}{\Omega}$	$m_p = k_p U_{\Omega m}$
数学表达式	$u_{FM}(t) = U_{cm} \cos\left(\omega_c t + k_f \dfrac{U_{\Omega m}}{\Omega} \sin\Omega t\right)$ $= U_{cm} \cos(\omega_c t + m_f \sin\Omega t)$	$u_{PM}(t) = U_{cm} \cos(\omega_c t + k_p U_{\Omega m} \cos\Omega t)$ $= U_{cm} \cos(\omega_c t + m_p \cos\Omega t)$

我们可以得出关于 FM 波和 PM 波的一些结论。m_x 是 FM 波或 PM 波的调制指数，代表 FM 波或者 PM 波的最大相移。比如，m_f 代表的是调频波的最大相移，也就是调频指数；m_p 代表的是调相波的最大相移，也就是调相指数。对于 PM 波，当调制信号的幅度恒定时，m_p 是一个常数，这意味着 PM 波的最大相移与调制信号的频率 Ω 无关；而对于 FM 波，m_f 与 Ω 成反比。对于 FM 波，最大频偏 $\Delta\omega_f = k_f U_{\Omega m}$ 是一个常数，这意味着 FM 波的最大频偏与调制信号的频率 Ω 无关；而对于 PM 波，最大频偏 $\Delta\omega_p = \Omega k_p U_{\Omega m}$ 与 Ω 成正比。对

于 FM 波和 PM 波，$\Delta\omega = m\Omega$。对于相同的调制信号和载波，FM 波的波形类似于 PM 波的波形，主要区别是与 PM 波相比，FM 波相位延迟 $\pi/2$。当调制电压的幅度一定时，FM 波和 PM 波的调制指数（即它们的最大相移）、最大频偏分别与相应的调制信号频率之间的关系如图 5.2 所示。

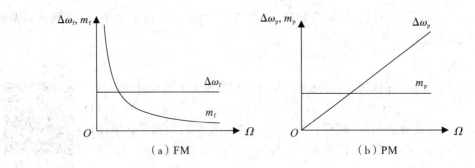

(a) FM

(b) PM

图 5.2　当 $U_{\Omega m}$ 一定时，$\Delta\omega$ 和 m 随 Ω 的变化关系

5.2.3　FM 波、PM 波的频谱和带宽

1. 频谱

如前所述，FM 信号的表达式为 $u_{FM}(t) = U_{cm}\cos(\omega_c t + m_f\sin\Omega t)$。由三角函数公式 $\cos(\alpha+\beta) = \cos\alpha\cos\beta - \sin\alpha\sin\beta$，可得

$$u_{FM}(t) = U_{cm}\left[\cos(\omega_c t)\cos(m_f\sin\Omega t) - \sin(\omega_c t)\sin(m_f\sin\Omega t)\right]$$

其中，$\cos(m_f\sin\Omega t)$、$\sin(m_f\sin\Omega t)$ 都可以展开成由第一类贝塞尔函数 $J_n(m_f)$ 构成的和式（n 为自然数，m_f 为调频指数）：

$$\cos(m_f\sin\Omega t) = J_0(m_f) + 2J_2(m_f)\cos2\Omega t + 2J_4(m_f)\cos4\Omega t + \cdots$$

$$= J_0(m_f) + 2\sum_{n=1}^{\infty}J_{2n}(m_f)\cos2n\Omega t$$

$$\sin(m_f\sin\Omega t) = 2J_1(m_f)\sin\Omega t + 2J_3(m_f)\sin3\Omega t + 2J_5(m_f)\sin5\Omega t + \cdots$$

$$= 2\sum_{n=1}^{\infty}J_{2n-1}(m_f)\sin(2n-1)\Omega t$$

所以

$$u_{FM}(t) = U_{cm}\Big[\cos(\omega_c t)J_0(m_f) + 2\cos(\omega_c t)\sum_{n=1}^{\infty}J_{2n}(m_f)\cos2n\Omega t$$

$$- 2\sin(\omega_c t)\sum_{n=1}^{\infty}J_{2n-1}(m_f)\sin(2n-1)\Omega t\Big]$$

$$= U_{cm}\big[J_0(m_f)\cos(\omega_c t) + J_1(m_f)\cos(\omega_c+\Omega)t - J_1(m_f)\cos(\omega_c-\Omega)t$$

$$+ J_2(m_f)\cos(\omega_c+2\Omega)t + J_2(m_f)\cos(\omega_c-2\Omega)t + \cdots\big]$$

$$= U_{cm}\sum_{n=-\infty}^{\infty}J_n(m_f)\cos(\omega_c+n\Omega)t \tag{5.18}$$

上述表达式的最后一步推导利用了三角函数的积化和差公式及第一类贝塞尔函数的特性：

$$\begin{cases} \cos\alpha\cos\beta = \dfrac{1}{2}\cos(\alpha+\beta) + \dfrac{1}{2}\cos(\alpha-\beta) \\ \sin\alpha\sin\beta = \dfrac{1}{2}\cos(\alpha-\beta) - \dfrac{1}{2}\cos(\alpha+\beta) \end{cases}$$

$$\begin{cases} \mathrm{J}_{-n}(m_\mathrm{f}) = \mathrm{J}_n(m_\mathrm{f}) \quad (n=0,2,4,\cdots) \\ \mathrm{J}_{-n}(m_\mathrm{f}) = -\mathrm{J}_n(m_\mathrm{f}) \quad (n=1,3,5,\cdots) \end{cases}$$

第一类贝塞尔函数的曲线如图 5.3 所示，相应的取值表如表 5.2 所示。

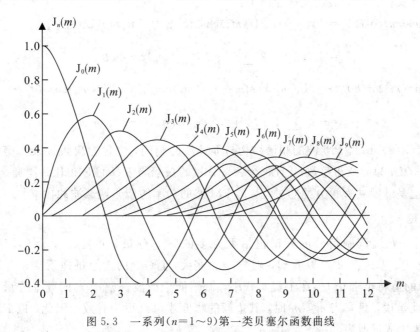

图 5.3　一系列($n=1\sim9$)第一类贝塞尔函数曲线

表 5.2　第一类贝塞尔函数取值表

m	$\mathrm{J}_0(m)$	$\mathrm{J}_1(m)$	$\mathrm{J}_2(m)$	$\mathrm{J}_3(m)$	$\mathrm{J}_4(m)$	$\mathrm{J}_5(m)$	$\mathrm{J}_6(m)$	$\mathrm{J}_7(m)$	$\mathrm{J}_8(m)$	$\mathrm{J}_9(m)$
0.01	1.00	0.005								
0.20	0.99	0.100								
0.50	0.94	0.24	0.03							
1.00	0.72	0.44	0.11	0.02						
2.00	0.22	0.58	0.35	0.13	0.03					
3.00	0.26	0.34	0.49	0.31	0.13	0.04	0.01			
4.00	0.39	0.06	0.36	0.48	0.28	0.13	0.05	0.01		
5.00	0.18	0.33	0.05	0.36	0.39	0.26	0.13	0.05	0.02	
6.00	0.15	0.28	0.24	0.11	0.36	0.36	0.25	0.13	0.06	0.02

从表达式(5.18)可以得到关于 FM 波频谱的一些结论：

(1) 频谱中包含载频 ω_c 及无穷多对边频分量 $\omega_c \pm n\Omega$(n 为任意正整数)，且每个频率分量的振幅与 $\mathrm{J}_n(m_\mathrm{f})$ 成正比。随着阶数 n 的变大，$\mathrm{J}_n(m_\mathrm{f})$ 变小。因此，远离中心频率 ω_c 的边频分量的振幅通常较低。

(2) 从频谱上看，FM 信号的功率 P_{FM} 应包括载波功率 P_{ca} 和所有边带功率之和 P_{sb}，即

$P_{FM} = P_{ca} + P_{sb}$。但由于贝塞尔函数的归一化特性 $\sum\limits_{n=-\infty}^{\infty} J_n^2(m_f) = 1$，所有边带功率之和为 0，因此，从功率角度看调频的过程本质上是载波功率的再分配过程。

利用相同的数学推导过程，类似地，可以将 PM 信号写为

$$u_{PM}(t) = U_{cm}[J_0(m_p)\cos(\omega_c t) + J_1(m_p)\cos(\omega_c + \Omega)t + J_1(m_p)\cos(\omega_c - \Omega)t$$
$$- J_2(m_p)\cos(\omega_c + 2\Omega)t - J_2(m_p)\cos(\omega_c - 2\Omega)t + \cdots] \qquad (5.19)$$

上述等式根据以下表达式推导出来：

$$\cos(m_p\cos\Omega t) = J_0(m_p) - 2J_2(m_p)\cos2\Omega t + 2J_4(m_p)\cos4\Omega t + \cdots$$

$$= J_0(m_p) + 2\sum_{n=1}^{\infty} (-1)^n J_{2n}(m_p)\cos2n\Omega t$$

$$\sin(m_p\cos\Omega t) = -2J_1(m_p)\cos\Omega t + 2J_3(m_p)\cos3\Omega t - 2J_5(m_p)\cos5\Omega t + \cdots$$

$$= -2\sum_{n=1}^{\infty} (-1)^n J_{2n-1}(m_p)\cos(2n-1)\Omega t$$

由式(5.19)可知，PM 波的频谱结构与 FM 波的相同，也包含载频 ω_c 及无穷多对边频分量 $\omega_c \pm n\Omega$（n 为任意正整数），且每个频率分量的振幅与 $J_n(m_p)$ 成正比。同理，调相的过程本质上也是载波功率再分配的过程，即 PM 波的功率等于未调载波的功率。

2. 带宽

理论上，角度调制信号的频谱包括无穷多的频率分量，并且第 n 个分量的振幅与 $J_n(m)$ 成比例。从表 5.2 可以看到，随着 n 的变大，$J_n(m)$ 的大小迅速下降，当 $n > m+1$ 时，$J_n(m)$ 的值将小于 0.1。在工程实践中，振幅低于载波振幅 10% 的频率分量可以忽略不计。也就是说，只有当 $n \leqslant m$ 时，其边频的幅度才可以视为有效。因此，以 FM 信号为例，其有效带宽近似为

$$B_f = 2nF \approx 2(m_f + 1)F \qquad (5.20)$$

由于 $m_f = \Delta f/F$，因此带宽可以进一步写成

$$B_f \approx 2(m_f + 1)F = 2\Delta f + 2F \qquad (5.21)$$

实际应用中，调制信号往往不是单音信号，而是从 F_{min} 到 F_{max} 的多音复杂信号。相应 FM 信号的有效带宽为 $B_f = 2nF_{max} \approx 2(m_f + 1)F_{max}$，该方程适用于 $m_f > 1$ 的情况。当 $m_f < 1$ 时，$B_f \approx 2F$。当调制信号的幅度不变、仅频率 F_{max} 变化时，调频波的最大频偏 Δf 不变，因此，当 F_{max} 增加时，FM 波的带宽几乎不变。

同理，PM 信号的有效带宽为 $B_p \approx 2(m_p + 1)F_{max}$。当调制信号的幅度不变、仅频率 F_{max} 变化时，调相指数 m_p 不变，因此，PM 波的带宽将随 F_{max} 的增加而变宽。

5.3   调频信号的产生

5.3.1   调频方法

调频可以通过两种不同的方式实现，即直接调频和间接调频。调频的本质是通过调制信号有规律地控制载波频率，让载波的瞬时频率跟随调制信号等比例地变化。

对于直接调频，调制信号被发送到振荡器，该振荡器由可变电抗器件(如压控可变电抗器件)组成。当调制信号的电压(即振幅)变化时，电抗相应地变化，导致振荡频率以受到调制信号控制的方式调谐，从而实现直接调频功能。

基于压控振荡器的直接调频电路的原理框图如图 5.4 所示。压控振荡器(VCO)的输出电压波形的频率随着控制电压 $\omega(t) = \omega_c + k_f u_\Omega(t)$ 的变化而有规则地变化。由于调制信号控制着 VCO，因此输出信号 $u_{FM}(t) = U_{cm}\cos\left[\omega_c t + \int k_f u_\Omega(t)\mathrm{d}t\right] = U_{cm}\cos(\omega_c t + m_f\sin\Omega t)$。

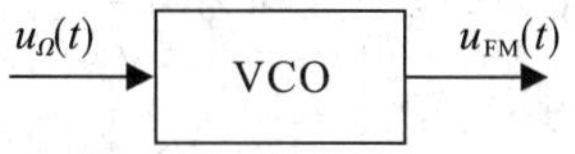

图 5.4　基于压控振荡器的直接调频电路的原理框图

对于间接调频，振荡器产生的载波频率是固定的，但是载波的相位由调制信号控制。使用调相电路，就可实现间接调频。

5.3.2　FM 电路的性能标准

1. 调频特性

调频波的瞬时频偏 Δf 与调制电压 U_Ω 之间的关系称为调频特性，表达式为

$$\Delta f(t) = f(U_\Omega) \tag{5.22}$$

在理想情况下，Δf 应随 U_Ω 线性变化。然而，非线性失真几乎是不可避免的。

2. 调频灵敏度 S

调频灵敏度 S 定义为由单位调制电压所引起的频偏，即

$$S = \frac{\Delta f}{\Delta U_\Omega} \tag{5.23}$$

3. 最大频偏 Δf_m

Δf_m 为调制电压最大时 FM 波可以达到的最大频率偏移值。

4. 载波频率稳定度

载波频率稳定度定义为在特定的时间段内载波频偏 Δf 与载波中心频率 f_c 之间的比值。

5.4　FM 电路

5.4.1　变容二极管在 *LC* 振荡器中实现直接调频

1. 变容二极管

变容二极管是具有可变电抗的电压控制元件，其结电容会随着反向偏置电压的变化而显著变化。变容二极管的电路符号、结电容随外加反偏电压变化的函数方程及特性曲线等在第 3 章中已作介绍，这里不再重复。

2. 变容二极管在 *LC* 振荡器中实现直接调频的工作原理

图 5.5 是由变容二极管在 *LC* 振荡器中实现直接调频的电路示例。在图 5.5(a)中，C_3 是高频耦合电容器，由于其电容非常大，因此可以在频率计算中忽略；L_D 是高频扼流圈，用于阻止高频信号进入直流电源 E_C，同时允许 E_C 和低频调制信号通过；R_1 和 R_2 用于设置变容二极管的静态直流偏置，$U_Q = E_C \cdot \dfrac{R_2}{R_1 + R_2}$；电路的振荡频率 $\omega = \dfrac{1}{\sqrt{LC_\Sigma}}$，其中 $C_\Sigma = C_j + \dfrac{C_1 C_2}{C_1 + C_2}$，为了简化，可以令 $C_\Sigma \approx C_j$，得到 $\omega = \dfrac{1}{\sqrt{LC_j}}$。施加到变容二极管的总电压为 $u(t) = U_Q + u_\Omega(t)$。

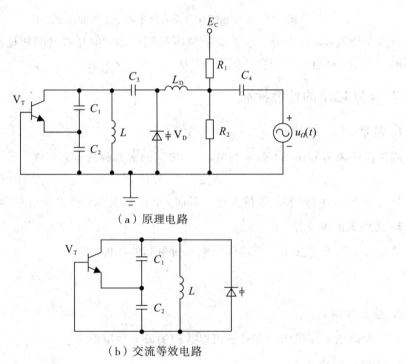

（a）原理电路

（b）交流等效电路

图 5.5　变容二极管在 *LC* 振荡器中实现直接调频

设调制信号 $u_\Omega(t) = U_{\Omega m}\cos\Omega t$，则变容二极管的结电容 C_j 为

$$
\begin{aligned}
C_j &= \frac{C_0}{\left[1 + \dfrac{U_Q + u_\Omega(t)}{U_B}\right]^n} = \frac{C_0}{\left(1 + \dfrac{U_Q + U_{\Omega m}\cos\Omega t}{U_B}\right)^n} \\[2mm]
&= C_0\left(1 + \frac{U_Q + U_{\Omega m}\cos\Omega t}{U_B}\right)^{-n} = C_0\left(\frac{U_Q + U_B}{U_B} + \frac{U_{\Omega m}\cos\Omega t}{U_B}\right)^{-n} \\[2mm]
&= C_0\left[\left(\frac{U_Q + U_B}{U_B}\right)\left(1 + \frac{U_{\Omega m}}{U_Q + U_B}\cos\Omega t\right)\right]^{-n} \\[2mm]
&= \frac{C_0}{\left(1 + \dfrac{U_Q}{U_B}\right)^n}\left(1 + \frac{U_{\Omega m}}{U_Q + U_B}\cos\Omega t\right)^{-n}
\end{aligned} \tag{5.24}
$$

其中，$\dfrac{C_0}{\left(1+\dfrac{U_Q}{U_B}\right)^n}$ 被认为是变容二极管的静态结电容 C_{j0}，令结电容调制度 $m=\dfrac{U_{\Omega m}}{U_Q+U_B}$，有

$$C_j = C_{j0}(1+m\cos\Omega t)^{-n} \tag{5.25}$$

将式(5.25)代入振荡频率 ω 的表达式，则

$$\omega = \frac{1}{\sqrt{LC_j}} = \frac{1}{\sqrt{LC_{j0}(1+m\cos\Omega t)^{-n}}} \tag{5.26}$$
$$= \omega_0(1+m\cos\Omega t)^{\frac{n}{2}}$$

其中，$\omega_0 = \dfrac{1}{\sqrt{LC_{j0}}}$ 是调频波的中心频率，也即未调载波频率。

（1）如果 $n=2$，则有

$$\omega = \omega_0(1+m\cos\Omega t) = \omega_0 + m\omega_0\cos\Omega t = \omega_0 + \Delta\omega_m\cos\Omega t \tag{5.27}$$

其中，$\Delta\omega_m = m\omega_0$ 为最大频偏。显然，这是线性调频，载波的瞬时频率偏移 $\Delta\omega(t)$ 与调制信号成线性关系。

（2）如果 $n\neq2$，则式(5.26)可以按照幂级数展开：

$$(1+x)^n = 1 + nx + \frac{n(n-1)}{2!}x^2 + \cdots$$

因此，$\omega = \omega_0(1+m\cos\Omega t)^{\frac{n}{2}}$ 可以展开为

$$\omega = \omega_0(1+m\cos\Omega t)^{\frac{n}{2}} = \omega_0\left[1 + \frac{nm}{2}\cos\Omega t + \frac{\frac{n}{2}\left(\frac{n}{2}-1\right)}{2!}(m\cos\Omega t)^2 + \cdots\right] \tag{5.28}$$

忽略高阶项，此时振荡频率为

$$\omega = \omega_0\left[1 + \frac{n}{8}\left(\frac{n}{2}-1\right)m^2\right] + \frac{n}{2}m\omega_0\cos\Omega t + \frac{n}{8}\left(\frac{n}{2}-1\right)\omega_0 m^2\cos2\Omega t$$
$$= (\omega_0+\Delta\omega_0) + \Delta\omega_m\cos\Omega t + \Delta\omega_{2m}\cos2\Omega t \tag{5.29}$$

其中，$\Delta\omega_0 = \dfrac{n}{8}\left(\dfrac{n}{2}-1\right)m^2\omega_0$，$\Delta\omega_m = \dfrac{n}{2}m\omega_0$，$\Delta\omega_{2m} = \dfrac{n}{8}\left(\dfrac{n}{2}-1\right)m^2\omega_0$。

根据表达式(5.29)，可以得出以下结论：

① 当 $n\neq2$ 时，振荡频率 ω 不再与调制信号 u_Ω 线性相关，出现非线性失真。中心频率不再是 ω_0，而是 $\omega_0+\Delta\omega_0$，中心频率偏移量 $\Delta\omega_0 = \dfrac{n}{8}\left(\dfrac{n}{2}-1\right)m^2\omega_0$。

② 最大基波频偏 $\Delta\omega_m = \dfrac{n}{2}m\omega_0$，分别与 n、m 和 ω_0 成正比。

③ 产生非线性失真，出现谐波频偏，如式(5.29)中的二次谐波频偏 $\Delta\omega_{2m}$。如果高阶项的值太大，不能被忽略，则非线性失真效应变得明显。

3. 变容二极管在 LC 振荡器中实现直接调频的实际电路

图 5.6 是一个利用变容二极管在西勒振荡器中实现直接调频的实际电路。调制信号通过 L_4、C_7 引入电路，加到变容二极管上。变容二极管 V_{D1} 和 V_{D2} 背靠背连接，以减少由高频信号引起的串联电容波动。如果一个变容二极管的偏置电压突然改变，则另一个变容二极管的偏置条件将以相反的方式变化，保持等效电容大致不变。

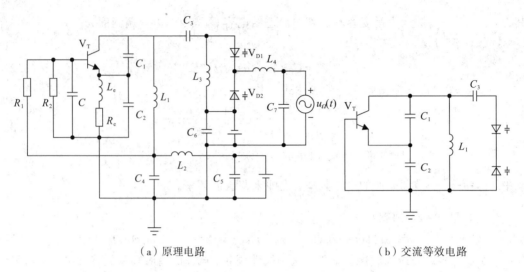

（a）原理电路 （b）交流等效电路

图 5.6　变容二极管在 LC 振荡器中实现直接调频

5.4.2　变容二极管在石英晶体振荡器中实现直接调频

1. 基本原理

典型的基于皮尔斯（Pierce）振荡器的变容二极管直接调频的电路模型如图 5.7 所示，振荡频率为

$$f_0 = f_S \left[1 + \frac{C_q}{2(C_L + C_0)} \right] \tag{5.30}$$

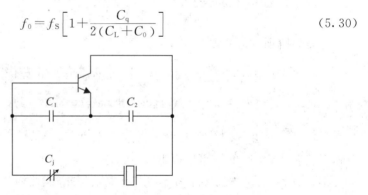

图 5.7　基于皮尔斯振荡器的变容二极管直接调频的电路模型

其中，f_S 是晶体的串联谐振频率；C_q 与 C_0 分别是晶体的动态电容和静态电容；C_L 是 C_1、C_2 和 C_j 的串联电容，即 $C_L = \dfrac{1}{\dfrac{1}{C_1} + \dfrac{1}{C_2} + \dfrac{1}{C_j}}$。如果变容二极管的结电容 C_j 由调制信号控制，则可以实现调频。皮尔斯振荡器中石英晶体必须工作在感性区，因此振荡频率必须介于 f_S 与 f_P 之间，其相对频率偏移范围很小，为 $\dfrac{f_P - f_S}{f_0} = 10^{-3} \sim 10^{-4}$，这限制了它的大范围应用。为了扩展频偏范围，可以采用的方式有两种：串联或并联一个小电感；使用 π 型网络来扩展石英晶体的感性频率范围。

2. 实际电路

基于皮尔斯振荡器的变容二极管直接调频的原理电路及其交流等效电路如图 5.8 所示。在该电路中，晶体(JT)被用作一个大电感，它和变容二极管 V_D、电感 L、电容 C_1 和 C_2 组成振荡回路。当变容二极管的结电容变化时，晶体的串联谐振频率将随之变化，同时整个振荡频率也随之改变，最终实现调频。石英晶体具有极高的频率稳定度，这使整个调频系统也具有很高的载波频率稳定度。

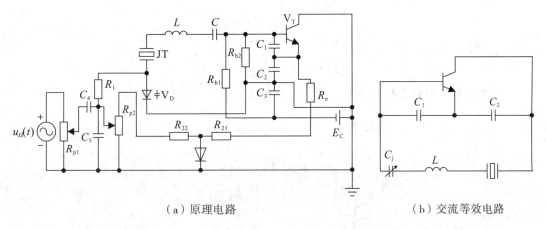

（a）原理电路　　　　　　　　　　　　（b）交流等效电路

图 5.8　基于皮尔斯振荡器的变容二极管直接调频电路

5.4.3　间接调频电路

1. 间接调频电路的原理

间接调频(FM)可以通过先实现调相(PM)，然后进行信号转换来实现。在图 5.9 给出的框图中，首先使用稳定的晶体振荡器作为主振荡器来产生载波，然后需要三个步骤来间接获得 FM 信号：

(1) 通过积分电路对 $u_\Omega(t)$ 积分，实现 $\int u_\Omega(t)\mathrm{d}t$。

(2) 将 $\int u_\Omega(t)\mathrm{d}t$ 作为控制信号对载波进行调相，生成窄带调频信号 $u_{FM}(t)$。

(3) 进行多级倍频与混频，实现合适的宽带调频，同时满足中心频率和频偏的要求。

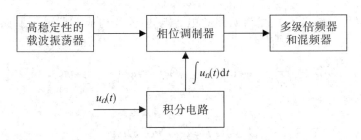

图 5.9　间接调频的原理框图

2. 调相电路

变容二极管调相(PM)电路被广泛使用。对于 LC 并联谐振回路，其回路阻抗为

$$Z(\mathrm{j}\omega)=\frac{R_\mathrm{e}}{1+\mathrm{j}Q_\mathrm{L}\dfrac{2(\omega-\omega_0)}{\omega_0}}=Z(\omega)\mathrm{e}^{\mathrm{j}\varphi_z(\omega)}$$

其中，R_e 是回路的谐振电阻。回路阻抗 $Z(\mathrm{j}\omega)$ 的幅频特性方程与相频特性方程分别为

$$Z(\omega)=\frac{R_\mathrm{e}}{\sqrt{1+\left[Q_\mathrm{L}\dfrac{2(\omega-\omega_0)}{\omega_0}\right]^2}} \tag{5.31}$$

$$\varphi_z(\omega)=-\arctan\left[Q_\mathrm{L}\frac{2(\omega-\omega_0)}{\omega_0}\right],\quad Q_\mathrm{L}=\frac{R_\mathrm{e}}{\omega_0 L}$$

LC 并联谐振回路阻抗的幅频特性与相频特性如图 5.10 所示。

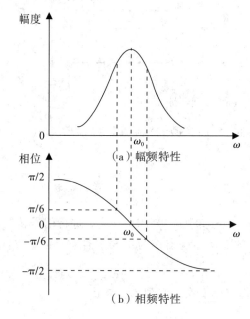

图 5.10 LC 并联谐振回路阻抗的幅频特性和相频特性

当 $\Delta\varphi<\pi/6$ 时，$\tan\Delta\varphi\approx\Delta\varphi$，这时

$$\Delta\varphi\approx-Q_\mathrm{L}\frac{2(\omega-\omega_0)}{\omega_0}=-Q_\mathrm{L}\frac{2\Delta\omega}{\omega_0} \tag{5.32}$$

当变容二极管的结电容 C_j 作为回路总电容与电感 L 构成并联谐振回路时，其谐振频率为

$$\omega(t)=\frac{1}{\sqrt{LC_\mathrm{j}}}=\omega_0\,(1+m\cos\varOmega t)^{\frac{n}{2}}\approx\omega_0\left(1+\frac{n}{2}m\cos\varOmega t\right)$$

所以

$$\Delta\omega(t)\approx\frac{n}{2}\omega_0 m\cos\varOmega t \tag{5.33}$$

将式(5.33)代入式(5.32)，可以得到

$$\Delta\varphi = -Q_{\mathrm{L}}nm\cos\Omega t = -Q_{\mathrm{L}}n\frac{U_{\Omega m}}{U_Q+U_{\mathrm{B}}}\cos\Omega t \tag{5.34}$$

综上所述，当 $\Delta\varphi < \pi/6$ 时，利用 LC 并联谐振回路的失谐所产生的相移与调制信号近似成线性关系，可以实现调相波输出。由于调制信号首先经过了积分处理，然后进行相位调制，因此我们最终得到的是一个调频信号。这个结论可以通过比较调频波和调相波的总相角随调制信号变化的不同特点而得出。

图 5.11 是一个实际的间接调频（FM）电路。变容二极管 V_D 和电感 L 一起构成用于产生相移的并联谐振回路（调相网络）。由于变容二极管的结电容 $C_j \ll C_3$，因此回路的谐振频率主要由 L 和 C_j 决定。在电路中，可以认为 C_1、C_2 和 C_3（$C_1 = C_2 = C_3 = 0.001\ \mu\mathrm{F}$）对高频信号近似短路，并且对调制信号开路；$R_1$ 和 R_2 是输入端和输出端的隔离电阻；变容二极管的直流偏置由 $+9\ \mathrm{V}$ 电源和电阻 R_3、R_4 决定；R_3 和 C_3 构成积分网络，其参数满足：

$$\frac{1}{\Omega C_3} \ll R_3$$

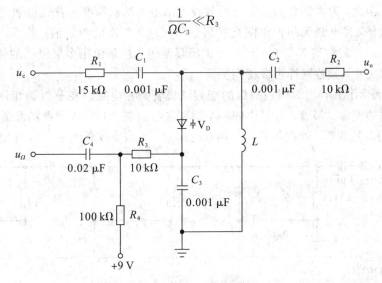

图 5.11　间接调频（FM）电路示例一

当调制信号 $u_\Omega(t)$ 经过积分网络积分后，产生调制信号的积分信号 $u'_\Omega(t)$，其幅度为

$$U'_{\Omega m} = U_{\Omega m}\frac{\frac{1}{\Omega C_3}}{\sqrt{R_3^2+\left(\frac{1}{\Omega C_3}\right)^2}} \approx U_{\Omega m}\frac{\frac{1}{\Omega C_3}}{R_3} = U_{\Omega m}\frac{1}{R_3 C_3}\frac{1}{\Omega} \propto \frac{U_{\Omega m}}{\Omega} \tag{5.35}$$

$u'_\Omega(t)$ 作为调相网络中加到变容二极管上的控制信号，根据式（5.34）可得到

$$\Delta\varphi = -Q_{\mathrm{L}}nm\cos\Omega t = -Q_{\mathrm{L}}n\frac{U'_{\Omega m}}{U_Q+U_{\mathrm{D}}}\cos\Omega t \propto \frac{U_{\Omega m}}{\Omega} \tag{5.36}$$

式（5.36）揭示了调频的典型特征，即其相位随调制信号的积分成线性变化。

图 5.12 是利用变容二极管调相来实现间接调频的另一个示例。图中，并联谐振回路由 L、C_1、C_2 和 C_j 组成，C_3、C_4 和 C_5 是耦合电容。载波信号和调制信号分别通过 C_3 和 C_5 耦合到调相电路中，最终获得的调相信号通过 C_4 输出。

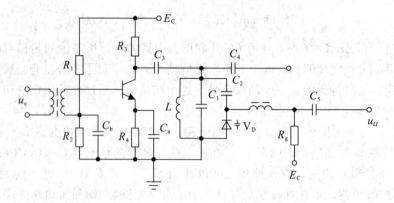

图 5.12　间接调频电路示例二

为了确保良好的调相线性度,上述电路中的 $\Delta\varphi$ 应保持小于 $\pi/6$,这限制了实际应用中频偏的增大。因此,通常需要用倍频及混频技术来增大调制深度。首先可通过倍频器将载波频率倍增数倍,那么最大频偏也随之扩展数倍,达到所需的频偏值;然后通过混频,将载波频率搬移到所需的频率点上。另一种扩展频偏的方法是使用多级级联的调相网络,以获得各级相移之和,频偏同样可以得到扩展。

图 5.13 展示了具有三级调相网络的变容二极管调相电路。在三级调相网络中,每一级都包含独立的变容二极管,并且由同一个调制信号控制。每一级回路的品质因数 Q 通过三个 22 kΩ 的电阻调整,以获得相同的相移。最后,可以实现最大 $\pi/2$ 的总相移。

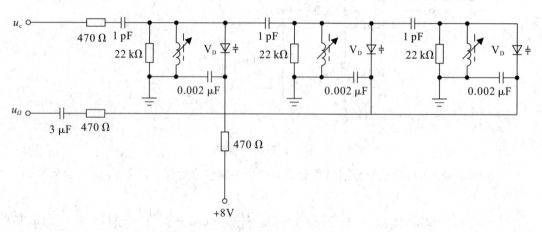

图 5.13　具有三级调相网络的变容二极管调相电路

5.5　调频信号的解调

如前所述,调频波或调相波的产生是将调制信号的信息加载到调频波的瞬时频率或调相波的瞬时相位上,而解调是要将调制信号的信息从瞬时频率或瞬时相位中还原出来,也就是调制的逆过程。换句话说,解调是要完成从瞬时频率变化到电压变化或从瞬时相位变化到电压变化的转换。调频波或调相波的解调电路又称为鉴频器或鉴相器。

5.5.1　鉴频方法和电路模型

鉴频有两类方法：锁相环(PLL)和波形变换。基于锁相环(PLL)的鉴频将在第 6 章作简要介绍。本章将详细介绍几种利用波形变换方式来实现鉴频的方法。

第一种方法是通过频率-幅度转换网络将调频(FM)波形转换成调幅-调频波形，然后使用包络检波器(幅度解调)来提取调制信号。这种方法的最典型实现方式为斜率鉴频器，其原理框图及转换波形如图 5.14 所示。

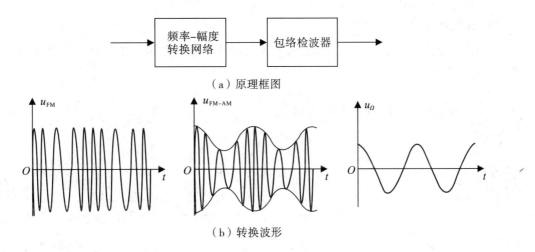

图 5.14　斜率鉴频器的原理框图及转换波形

第二种方法是通过频率-相位转换网络将 FM 波形转换成调相-调频波形，然后应用鉴相器来获得调制信号。该方法基于相位检波器，其原理框图如图 5.15 所示。

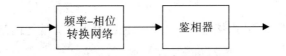

图 5.15　相位检波器的原理框图

第三种方法是使用模拟乘法器进行鉴频。在这种方法中，FM 信号被分成两路。其中一路经过 $\pi/2$ 相移后，与原始 FM 信号一起送到乘法器，经过乘法运算之后，再通过低通滤波器滤除不需要的信号，提取出调制信号。其原理框图如图 5.16 所示。

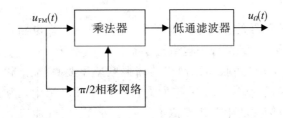

图 5.16　使用模拟乘法器的鉴频框图

第四种方法为脉冲计数式鉴频器，如图 5.17 所示。

图 5.17 脉冲计数式鉴频器框图

5.5.2 鉴频器的性能指标

鉴频器的鉴频特性曲线见图 5.18,其主要的性能指标如下:

1. 灵敏度 g_d

鉴频灵敏度 g_d 的定义为在中心频率 f_0 附近的由单位频率偏移所引起的输出电压的变化量:

$$g_d = \frac{\mathrm{d}u_\Omega}{\mathrm{d}f}\bigg|_{f=f_0} \approx \frac{\Delta u_\Omega}{\Delta f}\bigg|_{f=f_0} \tag{5.37}$$

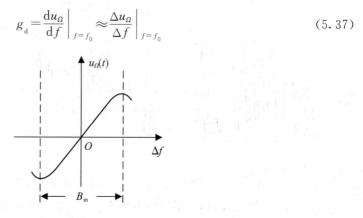

图 5.18 鉴频器的鉴频特性曲线

2. 带宽 B_m

鉴频特性曲线在带宽 B_m 内接近线性。为保证线性鉴频,带宽的基本要求是 B_m 应至少是要解调的 FM 信号最大频偏的两倍。

3. 非线性失真

在带宽 B_m 内,输出电压 u_Ω 和频偏 Δf 近似成线性关系,表明仍然存在非线性失真。应该将这种非线性失真尽可能降到可以忽略不计的程度。

5.5.3 斜率鉴频器

单失谐回路斜率鉴频器的原理电路如图 5.19(a)所示。该电路包含两部分:第一部分是失谐的并联谐振回路,第二部分为包络检波器。

如图 5.19(c)所示,LC 并联谐振回路的谐振频率不是调谐于输入调频波的载波频率上,而是比它高一些或低一些,形成一定的失谐。在实际应用中,为了获得线性的鉴频特性曲线,通常使输入调频波的中心频率位于谐振回路幅频特性曲线上接近直线段的中点位置。根据谐振回路的幅频特性(线性区部分),当 FM 信号进入失谐的 LC 并联谐振回路时,输出电压的幅度与输入 FM 波的瞬时频率几乎成比例地变化。因此,如图 5.19(b)所示,具有均匀幅度的 FM 信号被转换成其幅度与频率同样变化的调幅-调频波,然后通过包络检波器将包络恢复出来，即完成了解调。

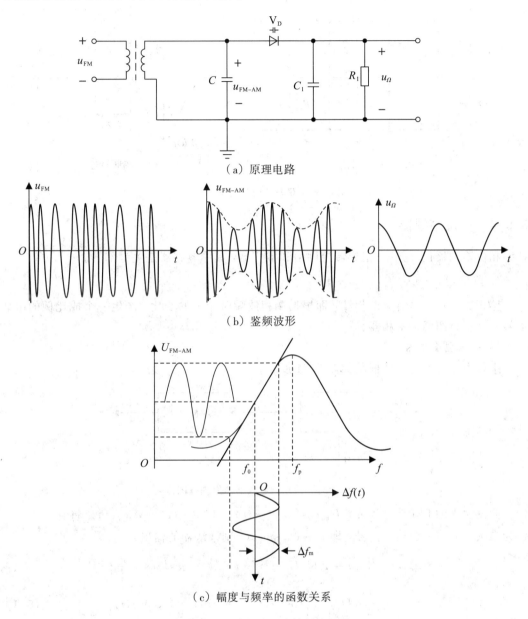

（a）原理电路

（b）鉴频波形

（c）幅度与频率的函数关系

图 5.19　单失谐回路斜率鉴频器

　　为了改善鉴频器的线性区域以及灵敏度（斜率），常采用双失谐回路斜率鉴频器。如图 5.20(a)所示，两个斜率鉴频器上下对称排列，对应的谐振频率分别是 ω_{p1} 和 ω_{p2}，它们分别位于输入 FM 波载波频率 ω_c 的两侧，且频率差值相等，即 $\Delta\omega_{c1} = \Delta\omega_{c2} = \omega_{p1} - \omega_c = \omega_c - \omega_{p2}$。假设两个 LC 失谐回路的幅频特性函数分别为 $A_1(\omega)$ 和 $A_2(\omega)$，那么电路的总输出是

$$u_\Omega = \eta_d U_{FM}\left[A_1(\omega) - A_2(\omega)\right] \tag{5.38}$$

其中，U_{FM} 是输入 FM 波的幅度，η_d 是包络检波器的检波效率。

　　由图 5.20(b)可见，与单失谐回路相比，双失谐回路斜率鉴频器的鉴频灵敏度和线性范围都得到了倍增。

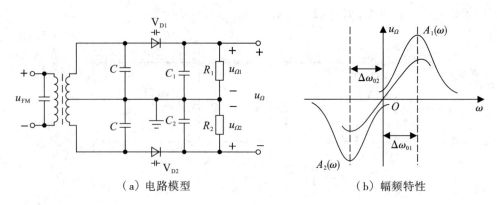

（a）电路模型　　　　　　　　　　（b）幅频特性

图 5.20　双失谐回路斜率鉴频器

5.5.4　相位鉴频器

相位鉴频器包含频率-相位转换网络和鉴相器，其中鉴相器是关键部分。

1. 鉴相器

鉴相器的功能是解调调相波，即根据调相波瞬时相位的变化，产生一个成比例的电压信号。这里介绍两种鉴相器。

1）乘积型鉴相器

乘积型鉴相器的原理框图如图 5.21 所示。

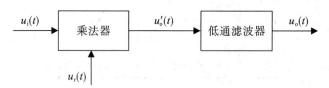

图 5.21　乘积型鉴相器的原理框图

假设输入的 PM 信号为 $u_i = U_{im} \cos[\omega_c t + \varphi(t)]$，其中 $\varphi(t) = k_p u_\Omega(t)$。将它的正交波作为乘法器的另一个输入信号，即 $u_r = U_{rm} \sin\omega_c t$，则乘法器的输出是

$$u_o'(t) = K u_i u_r = K U_{im} U_{rm} \cos[\omega_c t + \varphi(t)] \cos\left(\omega_c t + \frac{\pi}{2}\right)$$

$$= \frac{1}{2} K U_{im} U_{rm} \left\{ \cos\left[\varphi(t) - \frac{\pi}{2}\right] + \cos\left[2\omega_c t + \varphi(t) + \frac{\pi}{2}\right] \right\} \quad (5.39)$$

将乘法器的输出信号 $u_o'(t)$ 通过低通滤波器滤除高频部分，最后得到的低频输出信号是

$$u_o(t) = \frac{1}{2} K U_{im} U_{rm} \cos\left[\varphi(t) - \frac{\pi}{2}\right] = \frac{1}{2} K U_{im} U_{rm} \sin\varphi(t) \quad (5.40)$$

当 $|\varphi(t)| \leqslant \frac{\pi}{12}$ 时，$\sin\varphi(t) \approx \varphi(t)$，输出信号与输入调相波的相位近似成线性关系，即

$$u_o(t) \approx \frac{1}{2} K U_{im} U_{rm} \varphi(t) = \frac{1}{2} K U_{im} U_{rm} k_p u_\Omega(t) \propto \varphi(t) \quad (5.41)$$

也就是说，输出电压与输入调相信号的瞬时相位成正比，这就实现了线性的相位检波。

2) 叠加型鉴相器

叠加型鉴相器的原理框图如图 5.22 所示。图中，将输入调相信号的相位变化通过矢量叠加转换为对应的幅度变化，然后利用包络检波器检出幅度的变化，这样就实现了鉴相。

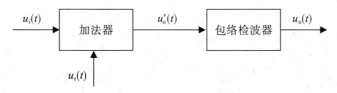

图 5.22　叠加型鉴相器的原理框图

叠加型鉴相器的一个典型实例如图 5.23 所示，它包含一个平衡结构。

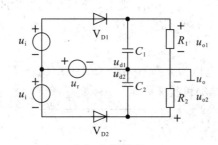

（a）电路模型

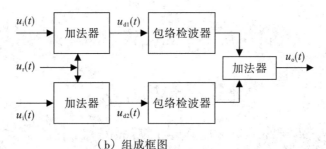

（b）组成框图

图 5.23　平衡叠加型鉴相器

假设输入的 PM 信号为

$$u_i(t) = U_{im}\cos[\omega_c t + \varphi(t)]$$

其中 $\varphi(t) = k_p u_\Omega(t)$。

加法器的另一个输入信号是它的正交形式，即

$$u_r(t) = U_{rm}\cos\left(\omega_c t + \frac{\pi}{2}\right)$$

根据图 5.23，我们可以得到

$$\begin{cases} u_{d1} = u_r(t) + u_i(t) \\ u_{d2} = u_r(t) - u_i(t) \end{cases} \tag{5.42}$$

根据电压矢量图（见图 5.24），u_{d1} 和 u_{d2} 的幅度为

$$\begin{cases} U_{d1} = \sqrt{U_i^2 + U_r^2 + 2U_i U_r \sin\varphi(t)} \\ U_{d2} = \sqrt{U_i^2 + U_r^2 - 2U_i U_r \sin\varphi(t)} \end{cases} \tag{5.43}$$

显然，u_{d1} 和 u_{d2} 的幅值会随着瞬时相位 $\varphi(t) = k_p u_\Omega(t)$ 的变化而变化，所以这两个信号都是 PM - AM 信号。

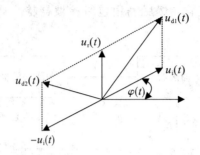

图 5.24 电压矢量图

假设包络检波器的检波效率 $\eta_{d1} = \eta_{d2} = \eta_d$，则上、下两个包络检波器的输出电压分别为

$$\begin{cases} u_{o1} = \eta_d U_{d1} \\ u_{o2} = \eta_d U_{d2} \end{cases} \tag{5.44}$$

于是，可得整个鉴相器的总输出电压为 $u_o(t) = u_{o1} - u_{o2} = \eta_d(U_{d1} - U_{d2})$。

（1）当 $U_i \ll U_r$ 时，由式（5.43)可得

$$\begin{aligned} U_{d1} &= U_r \sqrt{\left(\frac{U_i}{U_r}\right)^2 + 1 + 2\frac{U_i}{U_r}\sin\varphi(t)} \\ &\approx U_r \sqrt{1 + 2\frac{U_i}{U_r}\sin\varphi(t)} \\ &\approx U_r\left[1 + \frac{U_i}{U_r}\sin\varphi(t)\right] \end{aligned} \tag{5.45}$$

同理，可得

$$U_{d2} \approx U_r\left[1 - \frac{U_i}{U_r}\sin\varphi(t)\right] \tag{5.46}$$

所以，$u_o(t) = u_{o1} - u_{o2} = 2\eta_d(U_{d1} - U_{d2}) = 2\eta_d U_i \sin\varphi(t)$。当 $|\varphi(t)| \leqslant \frac{\pi}{12}$ 时，$\sin\varphi(t) \approx \varphi(t)$，则

$$u_o(t) \approx 2\eta_d U_i \varphi(t) \tag{5.47}$$

此时是线性鉴相器。

（2）类似地，当 $U_i \gg U_r$ 时，有

$$u_o(t) = 2\eta_d U_r \sin\varphi(t) \approx 2\eta_d U_r \varphi(t) \tag{5.48}$$

（3）当 $U_i = U_r = U$ 时，根据式(5.43)，可得

$$u_o(t) = u_{o1} - u_{o2} = 2\eta_d[U_{d1} - U_{d2}] = 2K_d U \sin\varphi(t) \approx 2\eta_d U \varphi(t) \tag{5.49}$$

上述第三种情况通常应用于电感耦合相位鉴频器，其电路如图 5.25 所示。

在如图 5.25(a) 所示的电路中，$L_1 C_1$ 和 $L_2 C_2$ 是松耦合的并联谐振回路，两个回路的谐振频率都是 ω_c。该电路的特征是：当输入信号 $\dot{U}_1$ 的频率变化时，次级谐振回路的输出信号 $\dot{U}_2$ 的相位会跟随 $\dot{U}_1$ 的频率变化而变化。因此，次级回路的输出信号 $\dot{U}_2$ 的相位和输入信号 $\dot{U}_1$ 的相位有所不同。根据前面的分析可知，加到检波二极管上的电压的幅值也会变

化。最终这个电路将实现由频率的变化转化为幅度的变化。

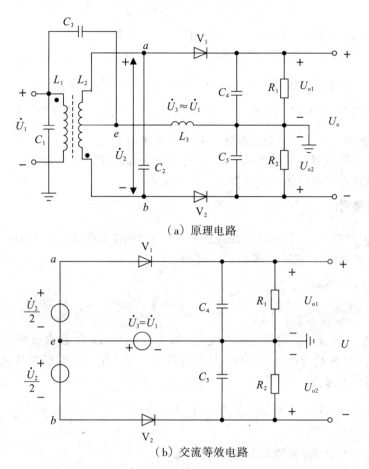

（a）原理电路

（b）交流等效电路

图 5.25 电感耦合相位鉴频器

电路中有两条耦合路径。第一条通过互感耦合，其耦合系数为 M。通过互感耦合，将在 L_2C_2 两端得到电压 $\dot{U}_2$。e 点是 L_2 的中点，所以 ae、be 之间的电压同为 $\dot{U}_2/2$；第二条是通过耦合电容 C_3。因为 L_3 为高频扼流线圈，其高频阻抗比 C_3 大得多，所以 L_3 两端的电压 $\dot{U}_3$ 与初级线圈的电压 $\dot{U}_1$ 大体相等。同时，$\dot{U}_3$ 为电路提供直流偏置。

整个电路的交流等效电路如图 5.25(b)所示。可见，该电路与前面介绍的叠加型相位鉴频器的典型实例非常相似。根据我们前面的分析，图中两个检波二极管两端的电压分别为

$$\begin{cases} \dot{U}_{d1} = \dot{U}_3 + \dfrac{\dot{U}_2}{2} \approx \dot{U}_1 + \dfrac{\dot{U}_2}{2} \\[3mm] \dot{U}_{d2} = \dot{U}_3 - \dfrac{\dot{U}_2}{2} \approx \dot{U}_1 - \dfrac{\dot{U}_2}{2} \end{cases} \tag{5.50}$$

上、下两个包络检波器的输出电压如下：

$$\begin{cases} u_{o1} = \eta_d U_{d1} \\[2mm] u_{o2} = \eta_d U_{d2} \end{cases} \tag{5.51}$$

电路总的输出电压为

$$u_o = u_{o1} - u_{o2} = \eta_d(U_{d1} - U_{d2}) \tag{5.52}$$

可以发现，输出电压会随着输入信号的频率变化而变化。输入的瞬时频率对于输出电压的影响可以由以下四个步骤分步说明：

① $\dot{U}_2$ 超前 $\dot{U}_1$ 的相位差为一变量，它会随着输入频率的变化而变化。

② 由于矢量 $\dot{U}_1$ 与 $\dot{U}_2/2$ 叠加，因此两个检波二极管上所加的偏压（同时也是两个包络检波器的输入电压 $\dot{U}_{d1}$ 和 $\dot{U}_{d2}$）会随着输入频率的变化而变化。

③ 两个包络检波器的输出电压 u_{o1}、u_{o2} 会随着输入频率的变化而变化。

④ 总的输出电压同样随着输入频率的变化而变化。

2. 频相转换网络

(1) 次级回路电压 $\dot{U}_2$ 与初级回路电压 $\dot{U}_1$ 之间的相位差随输入信号的瞬时频率变化而变化。在图 5.25(a) 中，流过电感 L_1 的电流为

$$\dot{I}_1 = \frac{\dot{U}_1}{R_1 + j\omega L_1 + \dfrac{(\omega M)^2}{Z_2}} \tag{5.53}$$

其中：R_1、L_1 是初级线圈的损耗电阻与电感；M 是互感系数；Z_2 是次级回路的阻抗。假设谐振回路的品质因数 Q 足够高，初级线圈的损耗和次级反射到初级的损耗忽略不计，则流过 L_1 的电流可以近似为

$$\dot{I}_1 \approx \frac{\dot{U}_1}{j\omega L_1} \tag{5.54}$$

表明 $\dot{I}_1$ 的瞬时相位比 $\dot{U}_1$ 的瞬时相位滞后 $\pi/2$。

由于互感 M 的存在，$\dot{I}_1$ 会在次级回路产生一个感应电动势，即

$$\dot{E}_2 = -j\omega M \dot{I}_1 \tag{5.55}$$

其瞬时相位比 $\dot{I}_1$ 的瞬时相位滞后 $\pi/2$。

$\dot{E}_2$ 在次级回路中产生的电流为

$$\dot{I}_2 = \frac{\dot{E}_2}{Z_2} = \frac{\dot{E}_2}{R_2 + j\left(\omega L_2 - \dfrac{1}{\omega C_2}\right)} \tag{5.56}$$

其中，R_2 是次级线圈的损耗电阻。由式 (5.56) 可知，$\dot{I}_2$ 的瞬时相位会随着输入信号频率的变化而变化，相应的变化在图 5.26 中给出。

① 当 $\omega = \omega_c$ 时，电路处于谐振状态，$\dot{I}_2$ 的瞬时相位和 $\dot{E}_2$ 相同。

② 当 $\omega > \omega_c$ 时，回路呈感性，$\dot{I}_2$ 的瞬时相位落后于 $\dot{E}_2$。

③ 当 $\omega < \omega_c$ 时，回路呈容性，$\dot{I}_2$ 的瞬时相位超前于 $\dot{E}_2$。

$\dot{U}_2$ 是电流 $\dot{I}_2$ 流过 C_2 时产生的电压，它比 $\dot{I}_2$ 的相位滞后 $\pi/2$，其表达式为

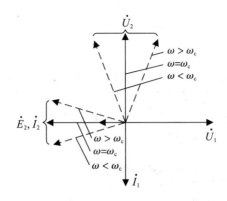

图 5.26　$\dot{U}_2$、$\dot{I}_2$ 以及 $\dot{E}_2$ 的矢量图

$$\dot{U}_2 = \dot{I}_2 \cdot \frac{1}{\mathrm{j}\omega C_2} = -\frac{\mathrm{j}\omega M \dot{I}_1}{R_2 + \mathrm{j}\left(\omega L_2 - \dfrac{1}{\omega C_2}\right)} \frac{1}{\mathrm{j}\omega C_2} = \mathrm{j}\frac{1}{\omega C_2}\frac{M}{L_1}\frac{\dot{U}_1}{R_2 + \mathrm{j}\left(\omega L_2 - \dfrac{1}{\omega C_2}\right)} \tag{5.57}$$

根据式(5.57)，次级回路的电压 $\dot{U}_2$ 会随着输入信号频率的变化而变化：

① 当 $\omega = \omega_c$ 时，$\dot{U}_2$ 的瞬时相位超前 $\dot{U}_1$ 的瞬时相位的量等于 $\pi/2$。

② 当 $\omega > \omega_c$ 时，$\dot{U}_2$ 的瞬时相位超前 $\dot{U}_1$ 的瞬时相位的量小于 $\pi/2$。

③ 当 $\omega < \omega_c$ 时，$\dot{U}_2$ 的瞬时相位超前 $\dot{U}_1$ 的瞬时相位的量大于 $\pi/2$。

(2) 包络检波器的输入电压幅度 $\dot{U}_{d1}$ 和 $\dot{U}_{d2}$ 随输入信号频率的变化而变化，根据公式

$$\begin{cases}\dot{U}_{d1} \approx \dot{U}_1 + \dfrac{\dot{U}_2}{2} \\[2mm] \dot{U}_{d2} \approx \dot{U}_1 - \dfrac{\dot{U}_2}{2}\end{cases}$$
，可得到矢量合成图，如图 5.27 所示。

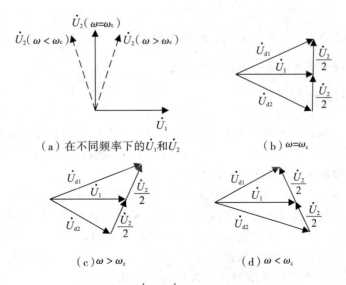

（a）在不同频率下的 $\dot{U}_1$ 和 $\dot{U}_2$　　　　　　（b）$\omega = \omega_c$

（c）$\omega > \omega_c$　　　　　　　　　　　（d）$\omega < \omega_c$

图 5.27　$\dot{U}_1$ 和 $\dot{U}_2$ 的矢量合成图

① 当 $\omega=\omega_c$ 时，$U_{d1}=U_{d2}$。

② 当 $\omega>\omega_c$ 时，$U_{d1}>U_{d2}$。

③ 当 $\omega<\omega_c$ 时，$U_{d1}<U_{d2}$。

（3）包络检波器的输出电压 u_{o1} 和 u_{o2} 随输入信号频率的变化而变化。因为 $u_{o1}=\eta_d U_{d1}$，$u_{o2}=\eta_d U_{d2}$，所以两个量都与 U_d 成比例关系。

（4）整个电路的输出电压 $u_o=u_{o1}-u_{o2}$ 随着输入信号频率的变化而变化。

① 当 $\omega=\omega_c$ 时，$u_{o1}=u_{o2}$，$u_o=0$。

② 当 $\omega>\omega_c$ 时，$u_{o1}>u_{o2}$，$u_o>0$。

③ 当 $\omega<\omega_c$ 时，$u_{o1}<u_{o2}$，$u_o<0$。

鉴频特性曲线如图 5.28 所示。

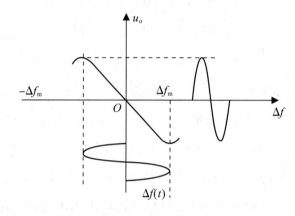

图 5.28　鉴频特性曲线

综上所述，图 5.25 所示的电感耦合的双谐振回路构成了频率-相位转换网络，它将输入的调频信号 $u_1(t)$ 转换成了 FM‑PM（调频-调相）信号 $u_2(t)$。将这两个信号叠加之后，获得两个 FM‑AM 信号 $u_{d1}(t)$ 和 $u_{d2}(t)$。最终，将这两个 FM‑AM 信号通过包络检波器解调得到调制信号，整个电路实现了相位鉴频功能。

通过调整耦合系数 $k=\dfrac{M}{\sqrt{L_1 L_2}}$ 以及品质因数 Q，可以很容易地调整 u_o-Δf 曲线的形状，从而得到较好的解调线性度和足够的带宽。

5.5.5　比例鉴频器

比例鉴频器与前面所讨论的电感耦合相位鉴频器看起来非常相似，并且不需要限幅器。如图 5.29 所示，比例鉴频器与电感耦合相位鉴频器的区别在于：

（1）比例鉴频器的二极管 V_1 是反接的。

（2）在 R_3+R_4 的两端并联了一个大电容 C_5（一般取 10 μF）。

（3）上下两路包络检波器的电阻和电容断开，输出电压取自 M、E 两端，而不是取自 F、G 两端。C_3 和 C_4 放电电流的方向相反，导致输出为差分电压。

下面分析这个电路的功能。根据图 5.29，经过包络检波，C_3 和 C_4 上所加的电压分别为 U_{o1} 和 U_{o2}，因此，加到 C_5 两端的电压为 $U_o=U_{o1}+U_{o2}$。

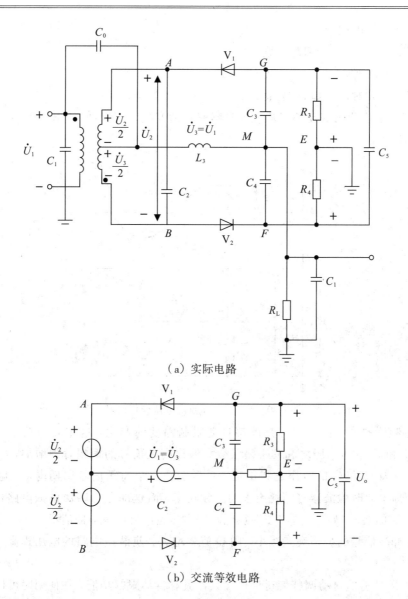

（a）实际电路

（b）交流等效电路

图 5.29 比例鉴频器

因为 C_5 是一个很大的电容，所以其放电时间常数 $C_5(R_3+R_4)$ 非常大（为 $0.1\sim0.2$ s）。在一个音频周期内，C_5 的电压几乎可以被视为不变的常数。

因为 $R_3=R_4$，所以加在它们两端的电压都等于 U_o 的一半。因此，图中 F 和 G 两点的电位分别为

$$\begin{cases} U_F = \dfrac{U_o}{2} \\[2mm] U_G = -\dfrac{U_o}{2} \end{cases} \tag{5.58}$$

根据前面的介绍，当输入信号的频率 ω 改变时，C_3 和 C_4 上的电压 U_{o1} 和 U_{o2} 也会改变。但是，由于 F 点和 G 点的电位是固定的，因此 M 点的电位 U_M 也会发生改变。

因此，我们可以进行如下分析：

（1）当 $\omega = \omega_c$ 时，$U_{o1} = U_{o2}$，故 $U_M = 0$。

（2）当 $\omega > \omega_c$ 时，$U_{o1} > U_{o2}$，故 $U_M \uparrow$。

（3）当 $\omega < \omega_c$ 时，$U_{o1} < U_{o2}$，故 $U_M \downarrow$。

可见，U_M 的变化恰好反映了输入信号频率 ω 的变化。图 5.30 给出了 F、G 和 M 点的电位变化情况。

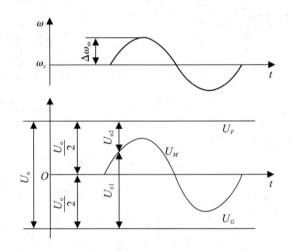

图 5.30　F、G 和 M 点的电位变化情况

比例鉴频器的最大优点之一是能够自动限制幅度的变化，这主要归功于大电容 C_5。由于 C_5，C_3 和 C_4 上的电压之和几乎是常数。假设高频信号的振幅意外增加，C_5 将吸收大部分电荷，保持 C_3 和 C_4 的电压之和稳定。这表明在一个高频信号周期内，充电时间和充电电流将增加，此时检波器将消耗更多的高频功率，而这部分功率由谐振电路供给，故将造成谐振电路的 Q 值减小。这将使谐振电路的电压也随之降低，抵消了原来信号幅度的增大。反之，如果信号的振幅突然减小，则 Q 值将增大，使谐振电路的电压提高，幅度的减小得到补偿。

谐振回路 Q 值的自动调整使得比例鉴频器具有自动限幅功能，在使用时可以省掉限幅器，从而使整个电路更简单。

5.5.6　脉冲计数式鉴频器

脉冲计数式鉴频器的工作原理与之前介绍的不同，由于它通过直接计得过零点脉冲的数目来实现鉴频，因此被称为脉冲计数式鉴频器。这种鉴频器具有线性度好、频带宽、易于集成等优点，所以被广泛地采用。

脉冲计数式鉴频器的基本工作原理是：首先将输入的 FM 信号转换为具有恒定幅度和宽度的调频脉冲序列，其瞬时频率与输入 FM 信号的相同；然后将脉冲的疏密程度（即输入信号的瞬时频率）等比例地变换为输出电压。换句话说，输入 FM 信号的瞬时频率大小等比例地决定了输出电压的大小，从而实现了鉴频。这种鉴频器的组成框图和相应的波形如图 5.31 和 5.32 所示。

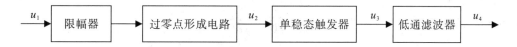

图 5.31　脉冲计数式鉴频器的组成框图

输入 FM 信号 u_1 经限幅后加到过零点形成电路，以获得过零点脉冲序列 u_2，该过程可以用施密特电路实现。在图 5.32 中，O_1、O_2、O_3 和 O_4 均为过零点，其中 O_1、O_3 点的电压由负到正，被称为正过零点，而 O_2、O_4 点恰恰相反，是从正到负，被称为负过零点。接下来利用等幅不等宽的脉冲序列 u_2 去触发一级单稳态触发器，这里触发器使用上升沿触发，产生等幅等宽的脉冲序列 u_3。

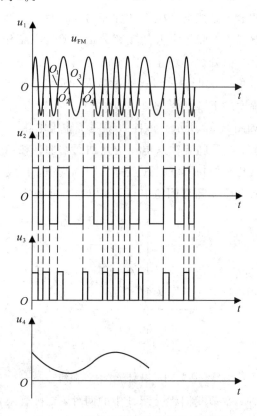

图 5.32　脉冲计数式鉴频器的波形图

从图 5.32 所示的波形可看出，序列 u_2 中脉冲的重复频率实际上恰好反映了输入调频信号 u_1 的瞬时频率。为了理解这种相关性，首先我们需要明确：过零点的密度正比于单位时间内矩形脉冲的个数（由于仅仅由上升沿触发，因此上述 u_3 中过零点的密度恰好等于单位时间内矩形脉冲的个数，即输入调频波的瞬时频率）。所以，可以通过正过零点对 u_1 的频率信息进行计数，即矩形脉冲 u_3 的疏密程度反映了 u_1 的瞬时频率。进一步地，u_3 波形的平均幅度（或者平均直流分量）可以被看成是嵌入在 FM 信号 u_1 中的低频调制信号。当 u_3 通过低通滤波器后，就能把调制信号成功地提取出来。

5.6　限　幅　器

5.6.1　限幅器简介

由于各种各样的原因，调频信号在信号的传输过程中会叠加寄生调幅。许多鉴频器（除了比例鉴频器）会将寄生调幅信息一直传递到输出电压，从而造成不必要的失真，导致通信质量变差。为了消除寄生调幅的影响，可以在鉴频器的前级加一级限幅器。限幅器需要消除寄生调幅，但是又不能改变 FM 信号的瞬时频率信息。

限幅是一个非线性过程，必然会产生新的频率分量。因此，在使用限幅器的同时，需要配合使用相应的带通滤波器，将不需要的频率分量滤除。在工作中，当 FM 信号通过非线性器件时，波形在其最大值处被平坦化，叠加在调频信号上的寄生调幅便被削去，但是此时的信号中包含不需要的高次谐波分量。通过后面的带通滤波器，滤掉不需要的频率分量，即可获得具有恒定幅度的 FM 信号。

限幅器的特性曲线如图 5.33 所示。该曲线说明了输出电压 u_o 与输入电压 u_i 之间的关系。在曲线 OA 段上，输出电压随着输入电压的增加而增加。在 A 点之后，尽管输入电压仍在增加，但是输出电压几乎保持不变。A 点称为限幅阈值，相应的输入电压 U_i 称为阈值电压。显然，只有当输入电压 u_i 超过阈值电压 U_i 时，才能有效地限制 u_i 的振幅。

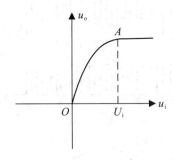

图 5.33　限幅器的特性曲线

限幅器电路有很多种，本节我们将介绍其中的两种：二极管限幅器和三极管限幅器。

5.6.2　二极管限幅器

二极管限幅器如图 5.34 所示。与普通 FM 电路相比，二极管限幅器在谐振电路中并联放置一对正反二极管（V_{D1} 和 V_{D2}）。当输入信号较小时，谐振回路的电压低，如果回路电压低于二极管的正向导通电压，则二极管截止，不影响该电路的输出；当输入信号足够大时，两个二极管交替导通。由于二极管的正向电阻随所加的正向电压变化，较高的输入电压带来较低的电阻，使谐振回路的品质因数降低，因此阻止了输出电压的增大，输出电压被限制为二极管的导通电压。

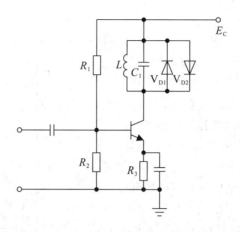

图 5.34　二极管限幅器

5.6.3　三极管限幅器

三极管限幅器使用晶体三极管作为钳位器件，如图 5.35 所示。与晶体三极管调谐放大器相比，三极管的工作条件和工作状态不同。如果输入信号较小，则限幅器处于放大状态，作为普通的中频放大器工作；如果输入信号增加到一定程度，则三极管工作在饱和区或截止区，尽量让饱和和截止的持续时间基本相等，即可实现限幅功能。

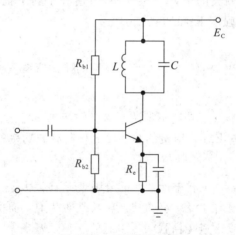

图 5.35　三极管限幅器

传统的限幅电路不能保证输出电压幅度严格恒定，只能将其限制在一定程度内。如果输入信号较弱，则限幅电路将失效。因此，一个好的限幅器，在限幅的前级需要高的信号增益，并且需要多级限幅。

5.7　不同调制方式的比较

调幅、调频和调相这三种调制方式具有不同的特点。下面从多个方面来比较这三种调制方法。

1. 抗干扰能力

通信的距离和可靠性在很大程度上取决于信号的抗干扰能力。如果没有干扰或干扰对信号影响不大，则即使发射功率较小，通信距离也可能很长。但在实际中，干扰是难以避免的，无处不在，所以抗干扰能力是一个非常重要的性能指标。FM系统的抗干扰能力一般优于AM系统，但是当接收信号和干扰强度的比值 r_1 低于一定的临界值时，FM系统可能会比AM系统更差一些。图5.36显示了不同 r_1 下输出信号与干扰强度之比 r_2 的变化。我们可以将实线（FM）与虚线（AM）进行比较，以分析调频波的抗干扰能力。在相同的 r_1 值下，较高的 r_2 被认为抗干扰能力更好。对于 $\Delta\omega_{\mathrm{f}}/\Omega_{\max}=1$ 的情况，r_1 的临界值约为4 dB。若 r_1 超过4 dB，

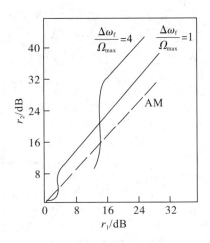

图 5.36 不同信号/干扰对 FM 接收的影响

则FM的抗干扰能力比AM好；若 r_1 低于4 dB，则AM的抗干扰能力比FM好。当频移增大到 $\Delta\omega_{\mathrm{f}}/\Omega_{\max}=4$ 时，r_1 的临界值大约为16 dB。通过比较我们观察到，只有当接收信号比干扰强得多时，FM的抗干扰能力才明显优于AM。此外，为了更好地抗干扰，较大的 $\Delta\omega_{\mathrm{f}}$ 需要较大的 r_1。因此，频偏大的FM（宽带FM）只适合于弱干扰的情况，而小频偏（窄带FM）的FM则适合于中等强度干扰的情况。

2. 带宽占用

FM需要占用比AM更宽的带宽，但具有更好的通信质量。

3. 发射功率的需求

由于FM信号的幅度恒定，功耗不随调制深度的变化而变化，但是AM的功率随着调制深度而加大，因此，通常FM发射机的功率要比相同载波功率的AM发射机小。

4. 强信号拥堵

在通信系统中，对于不同的传输距离，信号强度差异很大。当信号非常强时，接收机的载频放大级通常工作在限幅状态，会造成调幅波严重失真，而由于FM接收不受限幅的影响，因而可以在一定程度上避免由强信号引起的这种阻塞现象。

5.8 基于数字集成芯片的低功耗 FM 接收机系统

随着集成电路的发展，将整个通信系统集成在一个芯片上已成为趋势。集成芯片如MC2833、MC3362等，可以直接实现低功率FM发送和接收。下面将介绍基于MC3362的接收系统。

MC3362（见图5.37）是摩托罗拉公司生产的芯片，其特征为低噪声、低功耗。它的工作电压 $U_{\mathrm{CC}}=(2.0\sim6.0)U_{\mathrm{dc}}$。当 $U_{\mathrm{CC}}=3.0\ U_{\mathrm{dc}}$ 时，漏极电流的典型值为3.6 mA。同时，该款芯片具有优异的灵敏度（输入电压的有效值为典型值0.6 μV 时，其信纳比为12 dB）。信纳比（SINAD）指的是信号幅度均方根与所有其他频谱成分（包括谐波但不含直流）的和

方根(rss)的平均值之比。MC3362 芯片有着功能强大的内部电路,可以通过少数外部设备来实现良好的性能,其引脚连接和代表性框图如图 5.38 所示。

封装型号:724　　　　　　　　　封装型号:751E
　　　　　　　　　　　　　　　　　　(SO-24L)

图 5.37　MC3362 芯片的两种封装类型

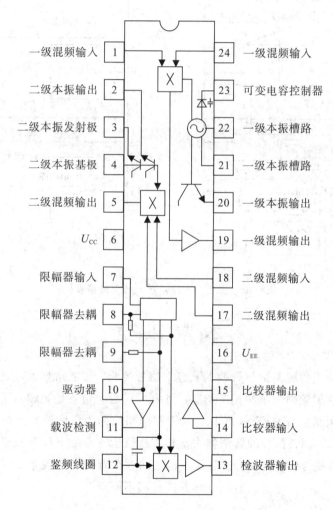

图 5.38　MC3362 芯片的引脚连接和代表性框图

基于 MC3362 的集成 FM 接收机如图 5.39 所示,它包括振荡器、混频器、正交鉴频器和仪表驱动/载波检测电路的双 FM 转换部分。MC3362 还具有起缓冲作用的第一和第二本地振荡器输出和用于频移键控(FSK)检测的比较器电路。

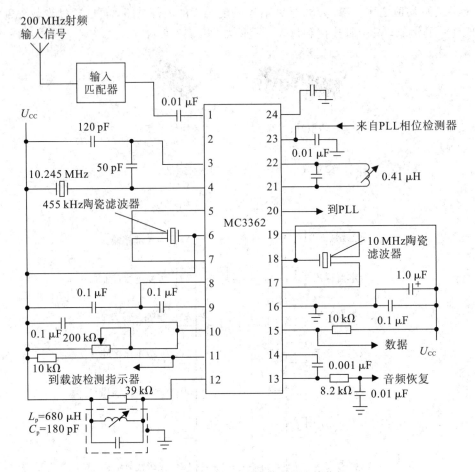

图 5.39　基于 MC3362 的集成 FM 接收机

本 章 小 结

　　本章主要介绍了角度调制与解调的概念、信号分析、性能指标、频谱特点、实现电路等。角度调制包含了频率调制和相位调制，因为不管是调频还是调相，反映出来都是载波的总相角受到了调制信号的控制，所以，调频和调相统称为角度调制。调频信号的解调称为鉴频或频率检波，调相信号的解调称为鉴相或相位检波。由于频率和相位之间存在微积分的关系，因此调频与调相之间、鉴频与鉴相之间存在着密切的关系，可以相互利用和相互转化，在学习的时候一定要注意区分其共同点与不同点。

习　　题

　　5-1　角度调制信号的表达式为 $u(t)=10\cos(2\pi\times10^6 t+10\cos2\pi\times10^3 t)$，判断其是PM 波还是 FM 波，并计算其最大频偏、最大相移、带宽以及在单位电阻上的功率。

　　5-2　对于某一载波，已知载频 $f_c=100$ MHz，幅度 $U_{cm}=5$ V，调制信号的表达式为

$u_\Omega(t)=\cos2\pi\times10^3t+2\cos2\pi\times500t$，假设两个调制信号具有相同的频偏 $\Delta f_{\max}=20\ kHz$，写出 FM 波的表达式。

5 - 3 假设 AM 波和 FM 波具有相同的载波频率和调制信号，其中载频 $f_c=1\ MHz$，调制信号 $u_\Omega(t)=0.1\sin2\pi\times10^3t$。已知对于调频波，由单位调制电压引起的频偏为 1 kHz/V。

(1) 计算 AM 波的有效带宽 B_{AM} 和 FM 波的有效带宽 B_{FM}。

(2) 当调制信号变为 $u_\Omega(t)=20\sin2\pi\times10^3t$ 时，重新计算 B_{AM} 和 B_{FM}。

5 - 4 对于某一载波，已知载频 $f_c=100\ MHz$，频偏 $\Delta f_{\max}=75\ kHz$，调制信号为正弦波，当调制频率 F 变化时，计算调制指数和有效带宽 B_{FM}。

(1) $F=300\ Hz$。

(2) $F=3\ kHz$。

(3) $F=15\ kHz$。

5 - 5 对于调制信号，频率 $f=400\ Hz$，幅度 $U_{\Omega m}=2.4\ V$，调制指数为 60。当调制信号的频率降低到 250 Hz，幅度增加到 3.2 V 时，调制指数将变为多少？

5 - 6 鉴频特性曲线如图 5.40 所示。已知鉴频器的输出电压为 $u_o(t)=\cos4\pi\times10^3t(V)$。

(1) 计算鉴频跨导 g_d。

(2) 写出输入信号 $u_{FM}(t)$ 和调制信号 $u_\Omega(t)$ 的数学表达式。

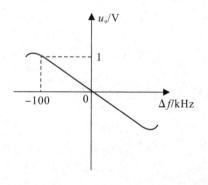

图 5.40 题 5 - 6 图

5 - 7 已知载波信号 $u_c(t)=U_{cm}\cos\omega_ct$，调制信号 $u_\Omega(t)=U_{\Omega m}\cos\Omega t$。

(1) 判断 $u_o(t)=U_{cm}\cos\left[\omega_ct+k_f\int_0^t u_\Omega(t)dt\right]$ 是什么信号。(提示：FM 或 PM)

(2) 画出 $u_o(t)$ 的波形。

(3) 画出 $u_o(t)$ 的频谱图。

(4) 写出 $u_o(t)$ 的有效带宽表达式。

5 - 8 晶体振荡器的直接调频电路如图 5.41 所示，说明电路的工作原理和主要元器件的功能。

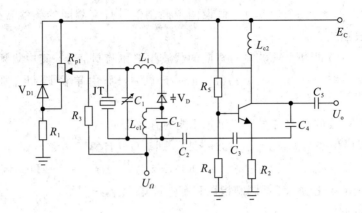

图 5.41　题 5 - 8 图

5 - 9　对于某一鉴频器，在其工作范围内，鉴频输出是正弦波。已知鉴频带宽 $B_\mathrm{m}=$ 2 MHz，输入信号 $u_\mathrm{FM}(t)=U_\mathrm{i}\sin(\omega_\mathrm{c}t+m_\mathrm{f}\cos2\pi Ft)$。在以下条件下写出输出电压的表达式：

(1) $F=1$ kHz，$m_\mathrm{f}=8$。

(2) $F=1$ kHz，$m_\mathrm{f}=10$。

5 - 10　为什么比例鉴频器具有自动限幅功能？

5 - 11　比较 AM、FM 和 PM 三种类型的信号调制。

第 6 章　锁相环原理及应用

6.1　锁相环简介

锁相环电路是一个闭环反馈电路，它可使压控振荡器（VCO）的相位紧紧跟随一个稳定的参考信号源。一旦锁相环进入锁定状态，VCO 的频率将与参考信号的频率严格相等，并维持一个恒定的相位差。VCO 可以在一定的范围内跟踪参考信号的频率，由此引申的锁相环的一类重要应用便是窄带滤波器。这样的滤波器仅允许载波通过，并能很好地抑制噪音。锁相环的早期应用如遥感探测接收器，尽管有大量太空背景噪音以及飞船高速飞行而产生的频率漂移，但探测器仍可以锁定来自太空飞船的微弱信号。如今，锁相环广泛应用于锁相环接收器、锁相环振荡器、锁相调频发射机和接收机、倍频器、分频器和混频器等。锁相环在混频、中心频率可调的窄带滤波方面出色的表现使得锁相环电路在现代通信系统中占据着极其重要的地位。

6.2　锁相环的基本组成和工作原理

如图 6.1 所示，锁相环的基本组成包括三个部分：鉴相器（PD）、环路滤波器（LF）以及压控振荡器（VCO）。这三个部分形成一个反馈回路，并按以下方式运作：首先，鉴相器比较输入信号 u_i 和压控振荡器输出信号 u_o 的相位差，相位差的大小决定了鉴相器的输出电压 u_d 的数值；接着，环路滤波器滤除 u_d 中的高频分量和噪音，从而获得控制电压 u_c；u_c 负责控制和调节压控振荡器的输出信号 u_o 的频率，直到 u_o 的频率和输入信号 u_i 的频率完全一致并维持一个恒定的相位差。至此，u_c 维持不变，是一个恒定的直流电压，锁相环进入锁定状态。

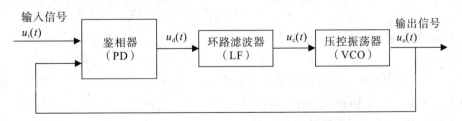

图 6.1　锁相环的基本组成

整个锁相环在工作区间被认为是一个近乎线性的系统。也就是说，所有的输出和输入信号之间是线性的数量关系。下面我们逐一介绍这个线性模型的各个组成部分。

6.3 锁相环的线性数学模型

6.3.1 鉴相器的数学模型

鉴相器电路要求能够根据输入信号的相位 θ_{in} 与压控振荡器的输出信号(即锁相环的输出信号)的相位 θ_{out} 之间的相位差 θ_{err},产生成比例的输出电压 u_{d},即

$$u_{\text{d}} = K_{\text{PD}} \cdot (\theta_{\text{in}} - \theta_{\text{out}}) \tag{6.1}$$

$$\theta_{\text{err}} \equiv \theta_{\text{in}} - \theta_{\text{out}} \tag{6.2}$$

这里 K_{PD} 是比例系数,θ_{err} 定义为输入与输出信号之间的相位差。鉴相器的输出电压 u_{d} 经环路滤波器滤除高频分量和噪声后,会被送进压控振荡器,用来影响并控制振荡器的频率(如图 6.2 所示)。

事实上,压控振荡器的标称频率对应的直流偏置电压通常为一个非零的 E_0。因此,鉴相器最终的输出电压包括两个部分,既有由相位差产生的 u_{d},也有偏置电压 E_0,即

$$u_{\text{err}} = K_{\text{PD}} \cdot (\theta_{\text{in}} - \theta_{\text{out}}) + E_0 \tag{6.3}$$

u_{err} 随相位差的变化图(即鉴相器的理想特性)如图 6.3 所示。

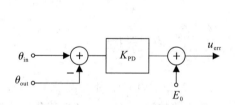

图 6.2 鉴相器的工作框图

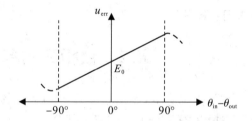

图 6.3 鉴相器的理想特性

鉴相器有很多种,其中在高频应用中使用最广泛的是乘法器。任何一个理想的乘法器都可以被视为一个正弦波鉴相器。为了更好地理解鉴相器的原理,理解其线性特质,接下来我们一步步推导线性鉴相特性方程。

首先,假设输入信号 u_{i} 的表达式为

$$u_{\text{i}}(t) = U_{\text{1m}} \sin[\omega_{\text{i}} t + \theta_{\text{i}}(t)] \tag{6.4}$$

压控振荡器的输出信号 u_{o} 的表达式为

$$u_{\text{o}}(t) = U_{\text{2m}} \sin[\omega_{\text{o}} t + \theta_{\text{o}}(t)] \tag{6.5}$$

其中,U_{1m} 和 ω_{i} 分别为输入信号的幅值和角频率,而 U_{2m} 和 ω_{o} 分别为 VCO 输出信号的幅值和角频率。在锁相环电路锁定之前,角频率 ω_{i} 和 ω_{o} 不一定相等。为了更好地从相位角度分析,我们将 u_{i} 和 u_{o} 的表达式重新写成如下形式:

$$u_{\text{i}}(t) = U_{\text{1m}} \sin[\omega_{\text{o}} t + \varphi_{\text{i}}(t)] \tag{6.6}$$

$$u_{\text{o}}(t) = U_{\text{2m}} \sin[\omega_{\text{o}} t + \varphi_{\text{o}}(t)] \tag{6.7}$$

其中,相位部分:

$$\varphi_{\text{i}}(t) = (\omega_{\text{i}} - \omega_{\text{o}})t + \theta_{\text{i}}(t) \tag{6.8}$$

$$\varphi_o(t) = \theta_o(t) \tag{6.9}$$

在理想的乘法运算下，我们可以得到

$$u_i(t) \cdot u_o(t) \cdot A_m = \frac{1}{2} A_m U_{1m} U_{2m} \{ \sin[2\omega_0 t + \varphi_i(t) + \varphi_o(t)] + \sin[\varphi_i(t) - \varphi_o(t)] \} \tag{6.10}$$

其中，A_m 为乘法器的相乘系数。乘积里有两项：一项是 $2\omega_0$ 的高频分量，另一项是与输入、输出信号的初始相位差有关的正弦分量。如果乘法器的相乘特性不理想，则除了 $2\omega_0$ 项以外，还会出现更多的高频分量，如 $4\omega_0$，$6\omega_0$，…。所有这些高频频率分量均可以被接下来的环路滤波器滤除，使实际的输出电压 $u_d(t)$ 只包含相位差的正弦项，即

$$u_d(t) = K_{PD} \cdot \sin\varphi(t) \tag{6.11}$$

其中：

$$K_{PD} = \frac{1}{2} A_m U_{1m} U_{2m} \tag{6.12}$$

$$\varphi(t) = \varphi_i(t) - \varphi_o(t) \tag{6.13}$$

可见，u_d 随着 $\varphi(t)$ 呈正弦周期性变化，这正是上述鉴相器被称为正弦波鉴相器的原因。

当相位差 $\varphi(t)$ 满足 $|\varphi(t)| = |\varphi_i(t) - \varphi_o(t)| \leqslant \frac{\pi}{6}$ 时，根据泰勒展开式，$\sin\varphi(t)$ 可以近似为 $\varphi(t)$ 的线性项（二次方及以上项因数值小而忽略不计），故 u_d 的表达式被简化为

$$u_d(t) = K_{PD} \cdot \varphi(t) \tag{6.14}$$

从式（6.14）可以看出，鉴相器的输出电压 u_d 与输入信号 $u_i(t)$ 和输出信号 $u_o(t)$ 之间的相位差 $\varphi(t)$ 在一定的范围内可以保持线性关系，鉴相器的线性特征由此可得。

对于一个线性的电路系统，我们可以运用一系列常规数学手段来分析（比如复变函数、傅里叶变换以及拉普拉斯变换等），并用转移函数 $H(s)$ 来表达输入、输出信号之间的关系。对于一个常规的线性电路系统而言，转移函数 $H(s)$ 定义为输出电压与输入电压的比值，即

$$H(s) = \frac{u_o(s)}{u_i(s)} \tag{6.15}$$

其中，$u_i(s)$ 和 $u_o(s)$ 分别是输入电压 $u_i(t)$ 和输出电压 $u_o(t)$ 经拉普拉斯变换后的形式，其中 s 是拉普拉斯算子，具备频率的量纲。对时域表达式（6.14）进行拉普拉斯变换，我们可以得到频域内的线性鉴相特性方程：

$$u_d(s) = K_{PD} \cdot \varphi(s) \tag{6.16}$$

6.3.2　环路滤波器的数学模型

正如前面分析所提到的，鉴相器的输出电压 u_d 里除了有与相位差成比例的正弦分量外，还包含多个高频分量（$2\omega_0$，$4\omega_0$，$6\omega_0$，…），这些高频分量是无用信号，需要用环路滤波器滤除，从而得到控制后面压控振荡器的电压 u_c。也就是说，环路滤波器需要抑制高频信号，保留低频信号，因此必须是低通滤波器。在大多数锁相环设计中，一阶低通滤波器是应用最广的。

图 6.4 列出了几种常用的环路滤波电路。

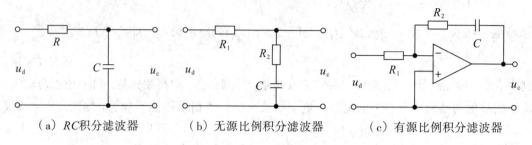

（a）RC积分滤波器 （b）无源比例积分滤波器 （c）有源比例积分滤波器

图 6.4 三种常用的环路滤波器

1.RC 积分滤波器

图 6.4(a)是一个 RC 积分滤波器，其对应的转移函数为

$$H(\mathrm{j}\omega)=\frac{u_{\mathrm{c}}(\mathrm{j}\omega)}{u_{\mathrm{d}}(\mathrm{j}\omega)}=\frac{\dfrac{1}{\mathrm{j}\omega C}}{R+\dfrac{1}{\mathrm{j}\omega C}}=\frac{\dfrac{1}{RC}}{\mathrm{j}\omega+\dfrac{1}{RC}} \tag{6.17}$$

对式(6.17)进行拉氏变换，用 s 替代 $\mathrm{j}\omega$，得到

$$H(s)=\frac{\dfrac{1}{RC}}{s+\dfrac{1}{RC}}=\frac{\dfrac{1}{\tau}}{s+\dfrac{1}{\tau}}=\frac{1}{s\tau+1} \tag{6.18}$$

其中，$\tau=RC$ 代表滤波器的时间常数。

2. 无源比例积分滤波器

图 6.4(b)所示是一个无源比例积分滤波器。一个大电容 C 和 R_2 串接在一起，使电路有一个极点和一个零点，其转移函数可以写为

$$H(s)=\frac{u_{\mathrm{c}}(s)}{u_{\mathrm{d}}(s)}=\frac{R_2+\dfrac{1}{sC}}{R_1+R_2+\dfrac{1}{sC}}=\frac{s\tau_2+1}{s(\tau_1+\tau_2)+1} \tag{6.19}$$

其中，$\tau_1=R_1C$，$\tau_2=R_2C$。

3. 有源比例积分滤波器

图 6.4(c)所示电路是一个有源比例积分滤波器。当运算放大器的输入电阻和开环增益趋于无穷大时，其转移函数为

$$H(s)=\frac{u_{\mathrm{c}}(s)}{u_{\mathrm{d}}(s)}=\frac{R_2+\dfrac{1}{sC}}{R_1}=\frac{s\tau_2+1}{s\tau_1} \tag{6.20}$$

其中，$\tau_1=R_1C$，$\tau_2=R_2C$。该滤波器有一个极点 $s=0$，表现为积分器，理论上在频率接近 0 时增益趋近无穷大。

6.3.3 压控振荡器(VCO)的数学模型

VCO 的输出电压 u_{o} 的频率受控制电压 u_{c} 的调节，从而让输出信号 u_{o} 的频率不断接近

输入参考信号 u_i 的频率，直到两者完全相同并维持固定的相位差为止，此刻就达到了锁相环电路锁定的状态。在理想状态下，控制电压和输出频率之间是线性的数量关系。

VCO 的工作原理框图如图 6.5 所示。

$$u_c \circ \longrightarrow \boxed{K_{VCO}} \xrightarrow{\Delta\omega_{out}}$$

图 6.5　VCO 的工作原理框图

VCO 本质上是电压-频率转换器，而可以在电压和频率间实现转换的一类典型的器件就是变容二极管，因此控制电压 $u_c(t)$ 的变化使变容管的结电容发生变化，从而让振荡频率 $\omega(t)$ 随之一起变化，即可实现压控振荡。$\omega(t)$ 和 $u_c(t)$ 在一定的区间内可以维持近乎线性的关系，即

$$\omega(t) = \omega_0 + K_{VCO} \cdot u_c(t) \tag{6.21}$$

其中，ω_0 是 VCO 的中心频率；K_{VCO} 为 VCO 的转换系数（单位为 $\mathrm{rad/(s \cdot V)}$），它表示单位控制电压所引起的振荡角频率的变化。对式(6.21)两边积分，可以得到瞬时相位的关系式为

$$\varphi_{o1}(t) = \int_0^t \omega(t)\mathrm{d}t = \omega_0 t + \int_0^t K_{VCO} \cdot u_c(t)\mathrm{d}t \tag{6.22}$$

由此可得由控制电压 $u_c(t)$ 所引起的相位变化，即压控振荡器的输出信号为

$$\varphi_o(t) = \varphi_{o1}(t) - \omega_0 t = \int_0^t K_{VCO} \cdot u_c(t)\mathrm{d}t \tag{6.23}$$

通过拉普拉斯变换，得

$$\varphi_o(s) = K_{VCO} \cdot \frac{1}{s} u_c(s) \tag{6.24}$$

由此，我们获得了 VCO 的转移函数如下：

$$H(s) = \frac{\varphi_o(s)}{u_c(s)} = K_{VCO} \frac{1}{s} \tag{6.25}$$

6.3.4　锁相环的完整数学模型

在以上分析中我们推导了锁相环的三个基本组成部分的数学模型，分别获得了各部分的转移函数。由此可得锁相环的完整数学模型：

$$\varphi_o(s) = [\varphi_i(s) - \varphi_o(s)]K_{PD} \cdot H(s) \cdot K_{VCO}\frac{1}{s} \tag{6.26}$$

$$F(s) = \frac{\varphi_o(s)}{\varphi_i(s)} = \frac{K_{PD}K_{VCO}H(s)}{s + K_{PD}K_{VCO}H(s)} \tag{6.27}$$

其中，$\varphi_i(s) - \varphi_o(s) \equiv \varphi(s)$ 代表锁定状态下锁相环的固定相位差。

6.4　锁相环的应用

锁相环广泛应用于各种同步设备中，比如太空通信的相干解调、门限扩展、位元同步和码元同步等。锁相环也可用作解调调频信号。在射频发射机中，锁相环还可以根据参考信号的频率合成一系列新的频率（参考信号的倍频），新频率和参考信号的频率具备相同的稳定度。

除此以外，锁相环的应用还涉及 AM 信号的解调、大噪音下小信号的跟踪（锁相放大器）、微处理器中的时钟信号乘法器、DTMF 解码器、通信遥控技术、视频信号 DSP、微纳检测的原子力显微镜轻敲扫描模式等。接下来我们对其中一些锁相环的典型应用作简要介绍。

6.4.1 频率合成器

频率合成器是锁相环电路的最重要的应用之一。这类应用的诞生主要源自于人们在调频（FM）广播电台系统使用中的需求。很多国家的 FM 电台都使用 87.5～108.0 MHz 的频段，划分给 101 个电台（中心频点），每个电台占据 200 kHz 频段宽度，这需要每个电台对应的本振信号都很精确。本振信号通常由石英晶体振荡器来实现，如果 101 个电台使用 101 个不同的晶体，则这样一个电台发射机或收音机对应的物理尺寸就太大了，在实际设计中难以实现。

实际的方案是仅采用一个石英晶体来提供高稳定度的参考信号，利用锁相环和可编程分频器来实现多个本振信号频率的产生。如图 6.6 所示，一个晶体提供 10 MHz 的信号，经由 1/50 分频器后产生频率为 200 kHz 的稳定参考信号。鉴相器、低通滤波器和 VCO 是锁相环的组成部分。200 kHz 的信号被送进鉴相器中，与另一条反馈回路的频率进行比较，反馈回路的频率是 VCO 的输出频率（87.9～107.9 MHz）除以可编程分频器的因数 N（$N=439.5-539.5$）。比如，当 N 设定为 439.5 时，VCO 的输出频率在控制电压的调节下逐渐接近并等于 87.9 MHz，此时反馈回路的频率和参考信号的频率 200 kHz 一致（87.9 MHz/439.5＝200 kHz），锁相环锁定。同理，当 N 设定为其他数值时，VCO 可以输出 87.9 MHz 到 107.9 MHz 中的其他频率。利用这个技巧，一个晶体就可以实现多个电台本振信号的稳定输出。

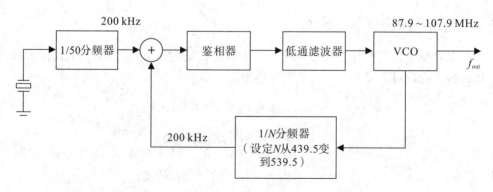

图 6.6　FM 广播系统中的锁相环应用举例

6.4.2　锁相鉴频器

锁相鉴频电路和锁相环的基本组成电路相比，没有太大的改变。当输入调频信号中只有高频载波、还未加入调制信号时，控制 VCO 输出信号的控制电压此刻处在中位(或者说基准位)；当输入信号同时包含载波和调制信号时，输入信号的频率时刻围绕载频而变化，VCO 的输出频率必然也时刻随着输入信号一起变化，因此控制电压的大小也围绕中位(基准位)上下浮动。控制电压的大小反映了输入调频波瞬时频率的大小，因此只需要记录下控制电压的值，就可以达到调频信号解调的效果。

6.4.3　时钟产生器

很多电子系统中都包含多种运行在几百兆赫兹频率上的处理器，为这些处理器提供时钟信号的通常是锁相环时钟产生器。锁相环电路将标准时钟信号(比如 50 或 100 MHz)的频率倍乘到处理器的工作频率。尽管石英晶体的标准频率只有几百兆赫兹数量级，但只要倍乘系数设置得足够大，工作频率最终可实现高达 GHz 数量级。

本 章 小 结

在本章我们介绍了锁相环电路的基本组成单元、线性模型以及应用举例，希望读者对锁相环的工作原理有全面的理解。线性模型的分析事实上只在非常有限的特定区间内适用，不能覆盖锁相环电路在实际操作中的各种复杂情形。线性模型在这里仅作为读者们探索锁相环这个话题的第一步，是最基本的入门学习内容。鉴于锁相环电路不是本书的重点讨论内容，更多深入的讨论和举例建议读者参考专门的锁相环相关材料。

习 题

6-1　图 6.6 中，假设 FM 可以使用的频段总范围是 87.9~107.7 MHz，每个电台需要占据 300 kHz 的宽度。

(1) 可编程乘法器的乘数 N 值应该如何设置？

(2) 哪个晶振更适合在这个电路中使用，10 MHz 晶振还是 15 MHz 晶振？

6-2　在锁相环电路中，常用的滤波器有哪几种？写出它们的传输函数。

6-3　锁定状态应满足什么条件？锁定状态下有什么特点？

6-4　为什么我们把压控振荡器输出的瞬时相位作为输出量？为什么说压控振荡器在锁相环中起了积分的作用？

6-5　试画出锁相环路的方框图，并回答以下问题：

(1) 环路锁定时压控振荡器的频率 ω_0 和输入信号频率 ω_i 之间是什么关系？

(2) 在鉴相器中比较的是何种参量？

6-6　画出锁相环路用于鉴频的方框图，并分析其工作原理。

参 考 文 献

[1] 于洪珍. 通信电子电路. 2 版. 北京：清华大学出版社，2012.

[2] 冯军，谢嘉奎. 电子线路：非线性部分. 5 版. 北京：高等教育出版社，2010.

[3] 曾兴雯. 通信电子线路. 北京：科学出版社，2006.

[4] 张肃文. 高频电子电路. 5 版. 北京：高等教育出版社，2009.

[5] 沈伟慈，李霞，陈田明. 通信电路. 3 版. 西安：西安电子科技大学出版社，2011.

[6] 高吉祥. 高频电子线路. 北京：电子工业出版社，2003.

[7] 张义芳，冯建华. 高频电子线路. 哈尔滨：哈尔滨工业大学出版社，2002.

[8] 王卫东，等. 高频电子线路. 北京：电子工业出版社，2004.

[9] 汪胜宁，等. 电子线路(第四版)教学指导书. 北京：高等教育出版社，2003.

[10] 阳昌汉. 高频电子线路. 北京：高等教育出版社，2006.

[11] 李树德，等. 通信电子电路. 北京：人民邮电出版社，1989.

[12] Sobot R. Wireless Communication Electronics. Springer，2012.

[13] Pederson D O, Mayaram K. Analog Integrated Circuits for Communication. 2nd. USA：Springer，2011.

[14] Cripps S C. RF Power Amplifiers for Wireless Communications. 2nd. Norwood，MA，USA：Artech House，2006.

[15] Grebennikov A，Sokal N O. Switchmode RF Power Amplifiers. New York：Newnes，2007.

[16] Colantonio P, Giannini F, Limiti E. High Efficiency RF and Microwave Solid State Power Amplifiers，British：John Wiley & Sons，2009.

[17] Phang C H，Yeow Y T，Barham R A，et al. Measurement of hybrid $-\pi$ equivalent circuit parameters of bipolar junction transistors in undergraduate laboratories. IEEE Trans. on Education，1997，40(3).

[18] Niu G F，Cressler J D，Gogineni U，et al. A new common-emitter hybrid $-\pi$ small-signal equivalent circuit for bipolar transistors with significant neutral base recombination. IEEE Trans. on Electron Devices，2002，46(6).

[19] Kazimierczuk M K. RF Power Amplifiers. Wiley，Ohio，USA：2006.